全国高等职业教育技能型紧缺人才培养培训推荐教材

工程测量实训

(建筑设备工程技术专业)

本教材编审委员会组织编写

王根虎　主　编
黄炳龄　副主编
贺俊杰　主　审

中国建筑工业出版社

图书在版编目（CIP）数据

工程测量实训/王根虎主编.—北京：中国建筑工业出版社，2005
全国高等职业教育技能型紧缺人才培养培训推荐教材
建筑设备工程技术专业
ISBN 978-7-112-07155-5

Ⅰ.工… Ⅱ.王… Ⅲ.工程测量-高等学校：技术学校-教材 Ⅳ.TB22

中国版本图书馆 CIP 数据核字（2005）第 060737 号

全国高等职业教育技能型紧缺人才培养培训推荐教材

工程测量实训

（建筑设备工程技术专业）

本教材编审委员会组织编写

王根虎 主 编

黄炳龄 副主编

贺俊杰 主 审

*

中国建筑工业出版社出版、发行（北京西郊百万庄）

各地新华书店、建筑书店经销

北京市彩桥印刷有限责任公司印刷

*

开本：787×1092 毫米 1/16 印张：9¼ 字数：222 千字
2005 年 8 月第一版 2008 年 7 月第四次印刷
印数：4 701—6 200 册 定价：14.00 元
ISBN 978-7-112-07155-5
(13109)

版权所有 翻印必究

如有印装质量问题，可寄本社退换

（邮政编码 100037）

本书是根据《高职二年制"建筑设备技术"专业技能型紧缺人才教学培养培训指导方案》要求编写。主要介绍测量基本知识、基本方法及测量技术在建筑设备安装过程中的实际应用。

本书共分8个单元，2个附录。第1~5单元介绍测量技术的基本知识、常用测量仪器的构造及使用。第6单元介绍测量定位方法及小面积地形图测绘。第7~8单元介绍管线施工及设备安装过程中的测量工作。附录1为测量新仪器、新技术介绍。附录2为测量仪器操作技能考核方案。

本书可作为高等职业院校、高等专科院校、成人高校及民办高校建筑设备技术专业的教材，也可供相关的工程技术人员参考。

本书在使用过程中有何意见和建议，请与我社教材中心（jiaocai@china-abp.com.cn）联系。

* * *

责任编辑：齐庆梅　张　晶
责任设计：郑秋菊
责任校对：孙　爽　张　虹

本教材编审委员会名单

主　　任： 张其光

副 主 任： 陈　付　刘春泽　沈元勤

委　　员：（按拼音排序）

陈宏振　丁维华　贺俊杰　黄　河　蒋志良　李国斌
李　越　刘复欣　刘　玲　裴　涛　邱海霞　苏德全
孙景芝　王根虎　王　丽　吴伯英　邢玉林　杨　超
余　宁　张毅敏　郑发泰

序

改革开放以来，我国建筑业蓬勃发展，已成为国民经济的支柱产业。随着城市化进程的加快、建筑领域的科技进步、市场竞争的日趋激烈，急需大批建筑技术人才。人才紧缺已成为制约建筑业全面协调可持续发展的严重障碍。

面对我国建筑业发展的新形势，为深入贯彻落实《中共中央、国务院关于进一步加强人才工作的决定》精神，2004年10月，教育部、建设部联合印发了《关于实施职业院校建设行业技能型紧缺人才培养培训工程的通知》，确定在建筑施工、建筑装饰、建筑设备和建筑智能化等四个专业领域实施技能型紧缺人才培养培训工程，全国有71所高等职业技术学校、94所中等职业学校、702个主要合作企业被列为示范性培养培训基地，通过构建校企合作培养培训人才的机制，优化教学与实训过程，探索新的办学模式。这项培养培训工程的实施，充分体现了教育部、建设部大力推进职业教育改革和发展的办学理念，有利于职业院校从建设行业人才市场的实际需要出发，以素质为基础，以能力为本位，以就业为导向，加快培养建设行业一线迫切需要的高技能人才。

为配合技能型紧缺人才培养培训工程的实施，满足教学急需，中国建筑工业出版社在跟踪"高等职业教育建设行业技能型紧缺人才培养培训指导方案"编审过程中，广泛征求有关专家对配套教材建设的意见，组织了一大批具有丰富实践经验和教学经验的专家和骨干教师，编写了高等职业教育技能型紧缺人才培养培训"建筑工程技术"、"建筑装饰工程技术"、"建筑设备工程技术"、"楼宇智能化工程技术"4个专业的系列教材。我们希望这4个专业的系列教材对有关院校实施技能型紧缺人才的培养培训具有一定的指导作用。同时，也希望各院校在实施技能型紧缺人才培养培训工作中，有何意见及建议及时反馈给我们。

建设部人事教育司
2005年5月30日

前　言

本书是根据《高等职业教育建设行业技能型紧缺人才培养培训指导方案》要求编写的。主要介绍测量基本知识、基本方法及测量技术在建筑设备安装过程中的实际应用。

本书共分8个单元，两个附录。在介绍必要的理论知识的基础上，突出测量实际操作技能的培养，教学时数按2周集中实训，折合56学时。其中理论教学29学时，实训27学时。

本书由内蒙古建筑职业技术学院王根虎任主编，江西建设职业技术学院黄炳龄任副主编，内蒙古建筑职业技术学院李映红、丁锐、董岱、核工业华东地质局罗石竖参编。单元1、8由王根虎编写；单元2、5由丁锐编写；单元3、4由李映红编写；单元6、7由黄炳龄编写；附录1由罗石竖编写；附录2由董岱编写。

本书由内蒙古建筑职业技术学院贺俊杰主审，在编写过程中提出了许多宝贵意见，在此深表谢意。

本书在编写过程中参考了兄弟院校的有关教材和文献，总结了编者多年的教学和实践经验。但由于编者水平有限，时间仓促，不足和错漏之处在所难免，敬请使用本书的师生和读者批评指正。

目 录

单元1 绪论 ·· 1
　课题1 测量学的定义、任务和作用 ·· 1
　课题2 地面点的确定 ·· 2
　课题3 确定地面点位的三个要素 ··· 8
　课题4 测量工作的原则和程序 ·· 9

单元2 水准测量 ·· 11
　课题1 水准测量的原理 ·· 11
　课题2 水准测量的仪器及工具 ··· 13
　课题3 水准仪的构造 ··· 14
　课题4 水准仪的使用方法 ··· 17
　课题5 实训——水准仪的使用 ··· 20
　课题6 地面点高程的测量方法 ··· 22
　课题7 地面点高程的测设方法 ··· 27
　课题8 实训——地面点高程的测量与测设 ································· 28

单元3 角度测量 ·· 33
　课题1 角度的概念及测量原理 ··· 33
　课题2 光学经纬仪的构造 ··· 34
　课题3 经纬仪的使用 ··· 38
　课题4 实训——经纬仪的使用 ··· 40
　课题5 水平角的观测方法 ··· 41
　课题6 竖直角的观测方法 ··· 43
　课题7 实训——水平角测量与测设 ·· 45

单元4 距离测量与直线定向 ·· 48
　课题1 距离测量的工具 ·· 48
　课题2 距离丈量的一般方法 ·· 50
　课题3 精密距离测量的方法 ·· 53
　课题4 距离测设 ··· 57
　课题5 实训——距离测量与测设 ··· 58
　课题6 直线定向 ··· 59

单元5 误差测量的基本知识 ·· 62
　课题1 误差的基本知识 ·· 62
　课题2 普通测量中误差的产生与处理措施 ································· 67
　课题3 常用测量仪器的误差与处理措施 ···································· 70

单元6 定位测量与地形图测绘 ··· 77
课题1 定位测量的概念 ··· 77
课题2 坐标测量与测设的方法 ··· 78
课题3 实训——点位坐标测量与测设 ······································ 81
课题4 地形图的基本知识 ··· 84
课题5 地形图测绘的方法 ··· 91
课题6 实测——一站点地形图测绘 ·· 95

单元7 管道工程测量 ··· 98
课题1 管道工程测量概述 ··· 98
课题2 管道中线测量与纵、横断面测量 ··································· 98
课题3 实训——管道中线测量与纵、横断面测量 ······················· 106
课题4 管道施工测量 ··· 107
课题5 实训、管道施工测量与坡度线测设 ······························· 111
课题6 管道竣工测量 ··· 113

单元8 建筑设备安装测量 ··· 116
课题1 设备安装的基本要求及测量的准备工作 ························· 116
课题2 设备基础施工测量 ·· 117
课题3 实训——设备基础中心线测设 ···································· 120
课题4 设备安装测量 ··· 122

附录1 现代测量技术 ··· 127
附录2 测量仪器操作技能考核方案 ·· 132
参考文献 ·· 137

单元 1 绪 论

知识点：测量学的任务；地面点的确定方法。
教学目标：了解测量学的定义和任务；熟悉测量技术在建筑设备安装施工中的作用；熟悉地面点的确定方法与测量工作的基本内容。

课题 1 测量学的定义、任务和作用

1.1 测量学的定义

测量学就是研究应用测量仪器和工具度量地球或地球局部区域的形状、大小和地表各种物体的几何形状及其空间位置，并把度量结果用数据或图形表示出来的科学。它的实质就是确定地面点的位置。

1.2 测量学的任务

对工程建设而言，按其性质可分为测绘和测设。

所谓测绘是指使用测量仪器和工具，通过实地观测和计算得到一系列的观测数据或把地球表面的地物和地貌，用规定的符号和按一定比例尺缩绘成地形图。供规划设计、工程建设、国防建设和科学研究使用。

测设是指把图纸上设计好的建（构）筑物的位置，按设计要求，以一定的精度在施工场地上标定出来，作为施工的依据。

1.3 测量技术在建筑设备安装施工中的作用

在建筑设备安装施工的各个阶段，都离不开测量工作。

勘察设计阶段：首先要在工程建设区内测绘地形图，为工程设计提供详细、准确的各种比例尺图件和测绘资料，以便确定布局合理，经济实用的设计方案。

工程施工阶段：根据设计图纸的要求，将设计好的管道线路的位置，在现场上标定出来，作为施工位置的依据。在施工过程中要及时为施工提供所需的中（轴）线及标高，以保证工程质量。进行竣工测量，为工程验收、改建、扩建和维修管理提供资料。

建筑设备安装阶段：在土建工程施工过程中或完工后，常用的暖通设备、给排水设备等安装时均需要测量进行定位放线，以保障设备的准确就位、正常运行。

由此可见，在建筑设备安装中自始至终都需要测量工作。而测量的精度和速度直接影响到整个工程的质量与进度。因此，测量技术对指导工程设计、要求按图施工、保证工期及安全运营管理等都具有十分重要的意义。

特别是近年来城市建设的不断发展，建（构）筑物的结构、功能、规模以及施工的新

方法、新工艺相继出现。智能型建筑越来越多，规模越来越大，各类配套的建筑设备安装要求越来越高。这就要求建筑设备工程技术专业的学生必须掌握必要的测量知识和技能。为此提出如下要求：

(1) 要掌握测量学的基本理论、基本知识及基本技能。
(2) 能熟练操作各种测量仪器。
(3) 会使用各种测量仪器进行角度、高程、距离等基本的测量工作。
(4) 由已知数据及观测数据会计算出所求点位的坐标、高程、方位等。
(5) 熟悉各种地形图、平面图的测绘与使用。
(6) 能应用所学的测量知识，进行各类建筑设备的定位、放线、抄平等工作。

课题2 地面点的确定

2.1 测量的基准线

由于地球的自转运动，地球上任一点，都要受到离心力和吸引力的作用，这两个力的合力称为重力。重力的作用线为铅垂线，可用悬挂垂球的细线方向来表示。铅垂线是测量工作的基准线。

2.2 测量的基准面

测量工作研究的对象是地面点。这些连续不断的地面点组成了起伏不平，极其复杂的地球表面，有高山、丘陵、平原和海洋。描述这样一个复杂表面上各点的位置，就要选择一个基准面作为依据。由于地球表面上海洋的面积约占71%，而陆地面积仅占29%。因此，人们很自然地把理想静止的海水表面选为基准面。静止的水面称为水准面。由于水准面是受地球重力影响而形成的，是一个处处与重力方向垂直的连续曲面，与水准面相切的平面称为水平面。

海水表面有涨有落，因此水准面不是惟一的。但是某一点多年平均海水面位置基本上是稳定的。所以，人们就选取过本国或本地区一点的平均静止的海水面为惟一的基准面，称为大地水准面。它穿过大陆与岛屿延伸而形成一个闭合曲面。它所包围的形体称为大地体。

但是，由于地球内部质量分布不均匀，引起铅垂线的方向产生不规则的变化，致使大地水准面成为一个不规则的复杂曲面，如图1-1(a)所示。它不能用一个规则几何形体和

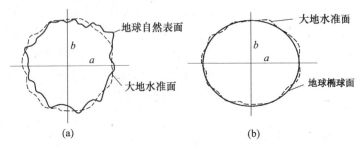

图1-1 大地水准面

数学公式表达。若把地球的自然表面投影到这个曲面上，就很难进行测量的计算与制图工作。为此，人们就采用一个与大地水准面非常接近的规则几何表面来代替它，以表示地球的形状与大小。这个规则的几何表面就称为地球椭球面，它所包围的形体称为地球（参考）椭球体。如图 1-1（b）所示，作为测量工作和制图工作的基准面。地球（参考）椭球体是一个由椭圆 NESW 绕其短轴 NS 旋转而成，如图 1-2 所示。它的形状与大小，通常以其长半径 a，短半径 b 和扁率 α 来表示。我国目前采用的元素值为 $a = 6\,378140\mathrm{m}$，$b = 6356755\mathrm{m}$，$\alpha = \dfrac{a-b}{a} = \dfrac{1}{298.257}$，并选择陕西省泾阳县永乐镇某点为大地原点，进行大

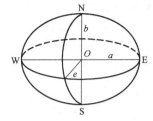

图 1-2 旋转椭球体

地定位。由此而建立起国家坐标系，就是现在使用的"1980 年国家大地坐标系"。

由于地球（参考）椭球体的扁率很小，在小范围内可近似地把它作为圆球。其半径为

$$R = \frac{1}{3}(2a + b) = 6371 \text{ km}$$

2.3 地面点的确定方法

从几何学中知道，一个点的空间位置，需要用三个量来确定，即三维空间坐标。同样，在确定地面点位时，也采用三维空间坐标来表示。在大范围内，用球面坐标系的两个坐标表示地面点投影到椭球体表面上的位置。在小范围内，用平面直角坐标系中两个坐标表示地面点投影到水平面上的位置。第三个坐标用高于或低于大地水准面铅垂距离来表示。如图 1-3 所示。

（1）地面点平面位置的确定

在大区域内或从整个地球范围内来考虑点的位置，常采用经度（λ）和纬度（ϕ）表示，称为地理坐标。地理坐标是球面坐标，不便于直接进行各种测量计算。在工程测量中为了实用方便起见，常采用平面直角坐标系来表示地面点位，下面主要介绍常用的两种平面坐标系。

1）高斯平面直角坐标。由于地球表面是曲面，要把曲面上的点投影到平面上，就必须采用适当的投影方法。为了叙述方便，把地球看作圆球，并设想把投影面卷成圆柱体套在地球上，那么就有一条子午线与圆柱体内壁相切如图 1-4 所示。

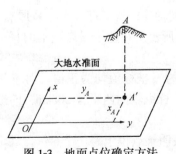

图 1-3 地面点位确定方法

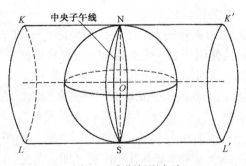

图 1-4 高斯投影方法

投影时，可以假想在地球中心有一点光源，由点光源发出的光线，把相切子午线及其两边的点、线投影到圆柱体上。在该子午线上长度没有变形，离开该子午线愈远的点、线投影变形就愈大。在一定的经度差内，就可以控制投影变形的大小。因此，就可把该范围的点、线投影到圆柱体上。由于两侧对称，这条相切的子午线就称为该投影范围的中央子午线。此线作为投影后的纵坐标轴——x 轴。将赤道面扩大，并与圆柱体相交，则得到赤道在柱面上的投影，它也是一条直线，但长度有变形，此线作为投影后的横坐标轴——y 轴。两轴的交点作为坐标原点。然后将圆柱体沿过南、北极的母线 KK'、LL' 剪开并展开成平面，如图1-5所示。此平面称为高斯投影平面。

那么高斯平面直角坐标系建立的要点如下：

A. 首先把地球表面每隔一定的经度差6°划分一带。

B. 整个地球分为60个带。并从首子午线开始自西向东编号。如图1-6所示，东经0°～6°为第一带，6°～12°为第二带……位于每带中央的子午线为中央子午线。如第一带中央子午线的经度为3°，任一带的中央子午线经度为

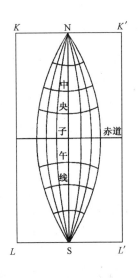

图1-5 高斯投影平面

图1-6 高斯投影分带法

$$\lambda_0 = 6N - 3° \tag{1-1}$$

式中 N 为带的编号。

C. 以每条带的中央子午线为坐标系纵轴 x，赤道为横轴 y，其交点为坐标系原点 O，从而构成使用于这一带的高斯平面直角坐标系，如图1-7所示。在这个投影面上的每一点的位置，就可用直角坐标 x、y 值来确定。

D. 由于我国位于北半球，所以在我国范围内所有点的 x 坐标值均为正值，而 y 坐标值则有正、有负。为了使 y 坐标不出现负值，人为地把坐标纵轴向西平移500km，即把实际 y 坐标值上加上500km作为使用坐标，如图1-8所示。

每一个6°带，都有其相应的平面直角坐标系。为了表明某点位于哪一个6°带，规定在横坐标值前面加上带号。

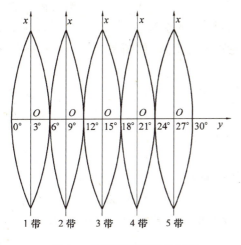

图 1-7 高斯平面直角坐标系

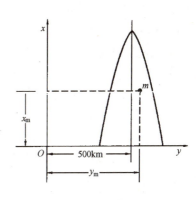

图 1-8 纵轴向西平移

如：$x_m = 3\,218\,643.98\text{m}$

$y_m = 20\,587\,307.25\text{m}$

此处，y 坐标的前面两位数字 20，表示该点位于第 20 带。

高斯投影中，离中央子午线近的部分变形小，离中央子午线愈远变形愈大，两侧对称。因此，要求投影变形更小时，应采用 3°带，3°带是从东经 1°30′起，每隔经差 3°划分一个带。整个地球划分为 120 个带。

每一带按前面所述方法，建立起各自的高斯平面直坐标。各带的中央子午线经度为

$$\lambda_0' = 3n \qquad (1\text{-}2)$$

n 为带的编号，如图 1-9 所示下半部分。

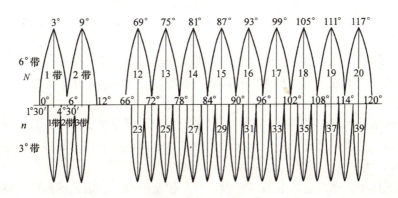

图 1-9 3°，6°带投影

2）假定（独立）平面直角坐标。在小范围内（一般半径不大于 10km 的范围内），把局部地球表面的点，以正射投影的原理投影到水平面上，在水平面上假定一个直角坐标系，用直角坐标描述点的平面位置，如图 1-10 所示。假定平面直角坐标的建立方法，一般是在测区中选一点为坐标原点，以通过原点的真南北方向（子午线方向）为纵坐标 x

轴方向，以通原点的东西方向（垂直于子午线方向）为横坐标 y 方向。为了便于直接引用数学中有关公式，以右上角为第Ⅰ象限，顺时针排列，依次为Ⅱ、Ⅲ、Ⅳ各象限。为了避免在测区内出现负坐标值，原点坐标多定为一个足够大的整数，如图 1-10 中 $x_原 = 300\ 000\text{m}$，$y_原 = 500\ 000\text{m}$。

直角坐标系建立后，地面上各点的位置都可以用坐标（x、y）表示。即地面点可用坐标反映在图纸上，图上的点也可以用坐标准确地反映在地面上。假定平面坐标施测完毕以后，尽量与国家坐标系联测（即进行坐标轴的换算）。

(2) 地面点高程的确定

为了确定地面的点位，除了要知道它的平面位置外，还要确定它的高程。

1) 高程。地面点到大地水准面的铅垂距离，称为该点的绝对高程，简称高程，或称海拔，用 H 表示，如图 1-11 所示。地面点 A、B 点的绝对高程分别为 H_A、H_B。

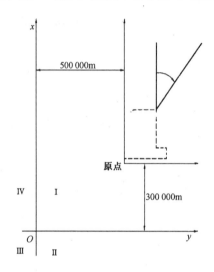
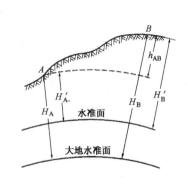

图 1-10　独立平面直角坐标系　　　　　　图 1-11　地面点的高程

目前，我国的高程是以采用青岛黄海验潮站历年记录的平均海平面资料，算得青岛水准原点高程为 72.260m，称为"1985 国家高程基准"。全国各地的高程都以它为基准进行测算。

当个别地区采用绝对高程有困难时，可采用假定高程系统，即以任意水准面作为起算高程的基准面。地面点到任一水准面的铅垂距离，称为该点的相对高程或假定高程，如图 1-11 中的 H'_A、H'_B。

在实际工作中，在测区内选择（埋设）一个稳定的点，假定它的高程，测区内其余各点的高程都以它为准进行测量与计算。若有需要，只需与国家水准点联测，即可换算成绝对高程。

2) 高差。地面上两点间的高程之差称为高差，用 h 表示。高差有方向和正负。如图 1-11 所示，A，B 两点的高差为

$$h_{AB} = H_B - H_A = H'_B - H'_A \tag{1-3}$$

由此可见两点间的高差与高程起算面无关。当 h_{AB} 为正时，B 点高于 A 点；当 h_{AB} 为负时，

B 点低于 A 点。

B、A 两点的高差为

$$h_{BA} = H_A - H_B = H'_A - H'_B \tag{1-4}$$

可见 A、B 的高差与 B、A 的高差绝对值相等，符号相反，即 $h_{BA} = -h_{AB}$。

(3) 用水平面代替水准面的范围

如前所述，在小范围测区内，可以用水平面来代替水准面。那么，把水准面看成一个水平面，在测量中将会产生多大的误差影响呢？为了讨论的方便，仍假设地球是一个圆球。

1) 对距离的影响。如图 1-12 所示，设地面上 A、B 两点，沿铅垂线方向投影到大地水准面得 A'、B' 两点。用过 A' 点与大地水准面相切的平面来代替大地水准面，则 B 点在水平面上的投影为 C。设 $A'C$ 的长度为 t，$A'B'$ 的弧长为 s，则两者之差即为用水平面代替大地水准面所引起的距离误差，用 Δs 表示，则有

$$\Delta s = t - s = R(\tan\theta - \theta) \tag{1-5}$$

将 $\tan\theta$ 用级数展开

$$\tan\theta = \theta + \frac{1}{3}\theta^3 + \frac{1}{12}\theta^5 + \cdots$$

因为 θ 很小，所以只取前两项代入式（1-5）得

$$\Delta s = \frac{1}{3}R\theta^3$$

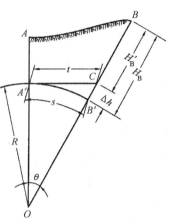

图 1-12 水平面代替水准面的影响

又因

$$\theta = \frac{s}{R}$$

所以

$$\Delta s = \frac{s^3}{3R^2} \tag{1-6}$$

或

$$\frac{\Delta s}{s} = \frac{s^2}{3R^2} \tag{1-7}$$

以地球半径 $R = 6\,371$ km 及不同的距离 s 代入式（1-7）中，可得到表 1-1 所列的结果。

平面代替水准面对距离的影响　　　　　　　　　　　　　　　　表 1-1

s (km)	Δs (cm)	$\Delta s/s$
10	0.82	1:1 217 600
20	6.57	1:304 400
50	102.65	1:48 700

由上表可知，当水平距离为 10km 时，用水平面代替水准面所产生的误差为距离的

1:1 217 600，而目前最精密的量距误差为距离的 1:1 000 000。所以在半径为 10km 的测区范围内进行距离测量时，可以把水准面当作水平面，不必考虑地球曲率的影响。

2）对高程的影响。如图 1-12 所示，地面点 B 的绝对高程为 H_B。当用水平面代替大地水准面时，则 B 点的高程应为 H'_B，其差数即为用水平面代替大地水准面所产生的高程误差，用 Δh 表示，可得

$$(R + \Delta h)^2 = R^2 + t^2$$

$$\Delta h = \frac{t^2}{2R + \Delta h} \tag{1-8}$$

因为 t 和 s 相差较小，取 $t \approx s$；又因为 Δh 远小于 R，取 $2R + \Delta h \approx 2R$，代入式（1-8）得

$$\Delta h = \frac{s^2}{2R} \tag{1-9}$$

以 $R = 6\,371\text{km}$ 及不同的距离 s 值代入式（1-9）便得到表 1-2 所列结果。

水平面代替水准面对高程的影响　　　　　　　　　　　表 1-2

s (km)	0.1	0.2	0.5	1.0	2.0	3.0	4.0	5.0
Δh (cm)	0.08	0.31	2.0	7.8	31.0	71	126	196

由表 1-2 可以看出，地球曲率对高程的影响很大。因此，在较短的距离内，也应考虑地球曲率对高程的影响。

课题 3　确定地面点位的三个要素

地面点位可以用它在投影面上的坐标和高程来确定。地面点的坐标和高程，在实际工作中并不是直接测定的，而往往都是通过测量地面点的相互关系，经过推算得到的。在图 1-13 中，如已知 1 点坐标（x_1、y_1），那么通过测量角度 α，β_2，β_3……和距离 D_1，D_2……，就可以运用几何关系推算出 2，3……点的坐标。应该注意的是为了测算地面点的坐标，要观测的是它们投影到水平面上以后，投影点之间所组成的角度和边长，即水平角和水平距离，而不是地面点之间所组成的角度和边长。

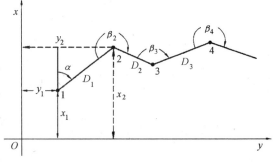

图 1-13　测量工作的基本内容

同理，如果知道 1 点的高程，又测得了各相邻点间的高差，那么 2，3……点的高程也可以推算得到。所以测量水平角、水平距离和点位之间的高差就是测量工作的三个主要内容，而 x、y、H 是确定地面点的平面位置和高程三个要素。

课题4 测量工作的原则和程序

无论是测绘还是测设，最基本的问题是测定点的位置。为了避免误差的积累与传递，保证测区内一系列点位之间具有必要的精度，测量工作必须遵循"从整体到局部"，"由高级到低级"，"先控制后碎部"的原则和程序进行。为此，应首先在测区内，选定一些起主导作用的点位，组成一定的几何图形，如图1-14中1、2、3……使用较精密的仪器和测量方法，测量其平面位置和高程。这些点位精度较高，起着整体控制的主导作用，这些点称为控制点。由一系列控制点所构造的几何图形称为控制网。测量控制点平面位置的工作称为平面控制测量，测量控制点高程的工作称为高程控制测量。在控制点的基础上，测量控制点与其周围碎部点间的相对位置，称为碎部测量或地形测量。

图1-14 测量工作的程序

例如在控制点1测绘其周围的碎部点 L、M、N 等，在控制点2测绘其周围的碎部点 A、B、C……。由于控制点之间相互联系成一整体，所以全测区内碎部点的相对位置也相互联系成一整体。这样碎部测量的精度虽然比控制点测量的精度低，但是碎部点的位置都是从控制点测定的，所以误差不会从一个碎部点传递到另一个碎部点。在一定的观测条件下，使各个碎部点能保证它应有的精度。这种"从整体到局部"，"先控制后碎部"的测量工作组织原则，无论是地形图测绘，还是施工测量工作都是本着这一基本原则和顺序进行。它既可以保证全测区的整体精度，不致使碎部测量的误差累积起来；同时还可以根据控制网把整个测区划分成若干个局部，展开几个工作面同时施测碎部，加快测量进度。

测量工作有内业和外业之分。为了确定地面点的位置，利用测量仪器和工具在现场进行测角、量距和测高差等工作，称为测量外业。将外业观测数据、资料在室内进行整理、计算和绘图等工作，称为测量内业。测量成果的质量取决于外业，但外业又要通过内业才能得出成果。因此，不论外业或内业，都必须坚持"边测量边校核"的原则，这样才能保证测量成果的质量和较高的工作效率。

9

思考题与习题

1. 测量学的定义及实质是什么?
2. 测量学在建筑设备安装施工中的作用有哪些?
3. 什么叫水准面?它有什么特性?
4. 什么叫大地水准面?它在测量上的作用是什么?
5. 测量学上的平面直角坐标系与数学中的平面直角坐标系有何不同?
6. 什么叫绝对高程、相对高程和高差?绝对高程有没有负值?
7. 某地假定水准面的绝对高程为 189.764m,测得一地面点的相对高程为 85.238m,试推算该点的绝对高程,并绘图说明。
8. 已知 $H_B = 150.000$m,$h_{BA} = -1.000$m,求 H_A。
9. 哪些是确定地面点位的基本要素?测量工作的三个基本内容是什么?

单元 2 水 准 测 量

知 识 点：水准仪的使用；高程的测量与测设。
教学目标：理解水准测量的原理、仪器和工具；熟悉水准仪的构造与使用；掌握地面点高程的测量与测设方法。

水准测量是依据几何原理用水准仪和水准标尺测定地面两点间高差的方法，用于建立国家水准网和地区高程控制网，监测地壳竖向运动，研究平均海水面变化，以及为地形测图和各种工程建设提供高程控制。

课题 1　水准测量的原理

水准测量的原理是利用水准仪提供的一条水平视线，对地面点上竖立的水准标尺进行读数，根据读数求得两点间的高差，进而根据已知点的高程计算出所求点的高程。

如图 2-1 所示，地面点 A、B 的高程分别为 H_A、H_B，其中 H_A 为已知高程，H_B 为待求高程。A、B 两点间的高差为 h_{AB}。在 A、B 两点上垂直竖立水准标尺，并在两点的中间安置水准仪，利用水准仪提供的水平视线分别在 A、B 两水准标尺上读取读数 a、b。

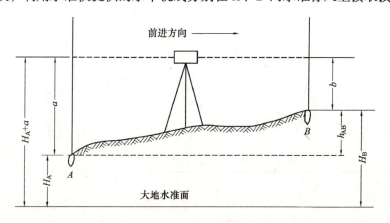

图 2-1　水准测量原理

根据图上标示的前进方向可知，测量是由 A 向 B 方向进行的，所以 A 点称为后视点，a 称为后视读数；B 点称为前视点，b 称为前视读数；仪器到后视点的距离称为后视距离，仪器到前视点的距离称为前视距离。

如图所示，A、B 两点间的高差 h_{AB} 可由下式求得：

$$h_{AB} = a - b \tag{2-1}$$

即：A、B 两点的高差为后视读数 a 减去前视读数 b。

根据上式计算出的高差可能为正值或负值,因此水准测量求得的高差必须用"+、-"号表示。当高差为正值时,说明前视点比后视点高;当高差为负值时,说明前视点比后视点低。在计算高程时,高差值须带符号一起进行运算。

B 点的高程 H_B 可由下式求得

$$H_B = H_A + h_{AB} = H_A + (a-b) \tag{2-2}$$

上式亦可写成

$$H_B = (H_A + a) - b$$

令 $H_i = H_A + a$,则上式可写成

$$H_B = H_i - b \tag{2-3}$$

式中 H_i 称为水准仪的水平视线高程,简称视线高。在同一个测站上,利用同一个视线高,可以较方便的计算出若干个不同位置的前视点的高程。这种方法常在工程测量中应用。

当 A、B 两点距离较远或高差较大,安置一次仪器不能测得两点间的高差时,必须分成若干站,逐站安置仪器进行连续的水准测量,分别求出各站的高差,各站高差的代数和就是 A、B 两点间高差。

如图 2-2 所示,A、B 两点间进行了连续的 4 个测站的水准测量,其中 1、2、3 各立尺点称为转点,常用"TP"(Turning Point)表示。转点只起传递高程的作用,各转点在水准测量中非常重要,不能碰动,否则整个水准测量将无法获得最后正确的结果。所以,在水准测量中要求转点必须设在坚实稳固的地面上或采用尺垫,以防止观测中水准标尺下沉。

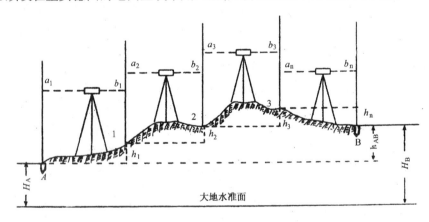

图 2-2 连续水准测量

图中 A、B 两点间各测站的高差为 h_1,h_2……h_n。根据(2-1)式可以计算出

$$h_1 = a_1 - b_1$$
$$h_2 = a_2 - b_2$$
$$\cdots\cdots\cdots$$
$$h_n = a_n - b_n$$

则 A、B 两点的高差为

$$h_{AB} = h_1 + h_2 + \cdots\cdots + h_n$$

$$= (a_1 - b_1) + (a_2 - b_2) + \cdots\cdots + (a_n - b_n)$$
$$= (a_1 + a_2 + \cdots\cdots + a_n) - (b_1 + b_2 + \cdots\cdots + b_n)$$
$$= \sum a - \sum b$$

B 点的高程为

$$H_B = H_A + h_{AB} = H_A + (\sum a - \sum b) \tag{2-4}$$

上式表明：距离较远或高差较大的两点间的高差等于中间各测站的高差代数和，或者等于各测站后视读数之和减去前视读数之和，以此可检核计算中是否存在错误。

课题 2 水准测量的仪器及工具

水准测量所使用的仪器和工具包括：水准仪、水准标尺、尺垫和三脚架。现分别介绍如下：

2.1 水 准 仪

水准仪是借助于水准器使望远镜视准轴水平，并利用这一水平视线经测读水准标尺后测定地面点高差的仪器。

我国生产的水准仪按其精度分为 DS_{05}、DS_1、DS_3、DS_{10}、DS_{20} 五个等级。"D"、"S" 分别为"大地测量仪器"、"水准仪"汉语拼音的第一个字母，数字表示用这种仪器进行水准测量时，每公里往返观测的高差中误差，以毫米为单位。建筑工程测量中通常使用 DS_3 型微倾式水准仪，其测量精度为 "±3" mm。

关于 DS_3 型微倾式水准仪的构造与使用将在课题 3 中做详细介绍。

2.2 水 准 标 尺

常用的水准标尺有两种，如图 2-3（a）为可以伸缩的塔尺，如图 2-3（b）为双面尺。

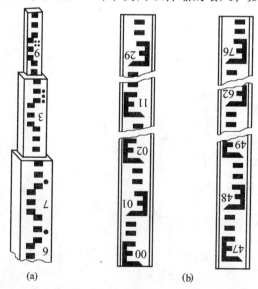

图 2-3 水准标尺

水准标尺的基本分划为1cm，用黑白或红白相间的油漆喷涂成每5cm的E字形（或间隔）作为标志，并在每分米处有注记。

塔尺全长为5m，由3节套装组成，可以伸缩，尺底端从零米起算。由于塔尺每节之间接合处常易松动，稳定性差，使用时应注意检查。所以仅适用于低精度的水准测量与地形测量中。

双面尺又称红黑面尺，尺长为3m，两根尺为一对。黑面刻划是主尺，底端起点为零，红面刻划是辅尺，底端起点不为零，与黑面相差一常数 K，一根尺从4.687m开始，另一根尺从4.787m开始，两根尺红面底端刻划相差0.1m，以供测量检核用。另外，在水准仪视线高度不变的情况下，对同一根水准尺在同一地面点上的黑、红两面读数之差应为4.687m或4.787m，可检核读数的正确性。该尺适用于精度较高的水准测量中。

水准测量时，当水准管气泡居中，十字丝的中丝切在标尺上即可依次直接读出米，分米，厘米；而毫米是估读的。所以水准测量的精度和观测时估读毫米数的准确度有很大关系。

2.3 尺　垫

如图2-4所示，尺垫形状为三角形或圆形，一般用生铁铸成或用铁板制成，上有一突起的半圆形圆顶，下面有三个尖的支脚。

尺垫是在进行连续水准测量时，作为临时的固定尺点，以防止水准标尺下沉和尺点变动，保证转点传递高程的准确性。为此，在使用尺垫时一定要将三个支脚牢固地踩入土中，水准标尺立在半圆的顶端上。

2.4 三脚架

如图2-5所示，三脚架由架头和三条架腿组成，大多采用木质或铝合金制成，利用其架腿固定螺旋可调节三条架腿的长度，利用连接螺旋可把仪器固定在架头上。

图2-4　尺垫

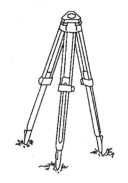

图2-5　三脚架

课题3　水准仪的构造

如图2-6所示，为国产 DS_3 型微倾式水准仪及相配套的三脚架。其主要构造包括：望远镜、水准器和基座三大部分。

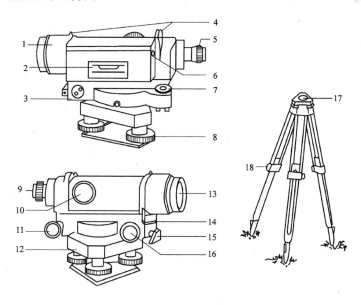

图 2-6 水准仪的构造

1—望远镜；2—水准管；3—托板；4—准星和照门；5—目镜调焦螺旋；
6—气泡观察窗；7—圆水准器；8—脚螺旋；9—目镜；10—物镜调焦螺旋；
11—微倾螺旋；12—基座；13—物镜；14—微倾片；15—水平制动螺旋；
16—水平微动螺旋；17—连接螺旋；18—架腿固定螺旋

3.1 望远镜

如图 2-7 所示，望远镜是用以照准目标和对水准标尺进行读数的设备，它主要由物镜、调焦透镜、十字丝及目镜组成。

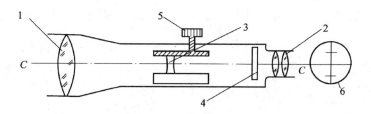

图 2-7 望远镜的构造

1—物镜；2—目镜；3—调焦透镜；4—十字丝分划板；
5—调焦螺旋；6—十字丝的像

根据光学原理可知，观测时由望远镜的物镜对准观测目标，其作用是将观测目标在望远镜镜筒中形成倒立的实像。目镜对向观测者的眼睛，其作用是将物镜形成的像进行放大。因此，目镜又称放大镜。十字丝的作用是为了精确的照准目标，并读取标尺读数而设置的。DS_3 型微倾式水准仪的望远镜放大倍率为 30 倍左右。

十字丝是刻在一块圆玻璃板上相互垂直的两条细丝，竖直的一根称为纵丝，水平的一

15

根称为横丝，也称为中丝。横丝上、下还刻有两根对称的短横丝，这两根短横丝是用来测量距离的，故称为视距丝，如图2-7中的6所示。

十字丝交点与物镜光心的连线，称为望远镜的视准轴（或照准轴），如图2-7中的 *CC* 连线。

望远镜的正确使用方法是：首先将物镜对准背景明亮处，转动目镜调焦螺旋，使十字丝清晰，然后将物镜对准目标，转动物镜调焦螺旋使用目标的影像落在十字丝平面上，这时就可以在目镜中清晰地看到十字丝和目标了。

由于眼睛的分辨能力有限，在测量中往往目标影像没有完全落在十字丝平面上，就误认为影像最清晰了，这时，当观测员的眼睛对着目镜上、下移动时，目标影像与十字丝横丝上、下有错动，这种现象就称为视差。在观测中若有视差存在，将会严重地影响读数的准确性，造成测量数据的不可靠。因此，视差在读数前必须消除。消除视差的方法是仔细认真的对物镜、目镜进行反复调焦，直到影像与十字丝没有错动现象为止。

物镜的下方安置有望远镜的水平制动螺旋和微动螺旋，借助这两个螺旋可以精确地照准目标，如图2-6中15、16所示。

3.2 水 准 器

如图2-6中2、7所示，水准仪的水准器由管状水准器（或称为水准管）和圆水准器两种组成。水准管安装在望远镜的左侧，供读数时精确地整平视准轴用。圆水准器安装在托板上，供概略整平仪器用。

（1）水准管

如图2-8（a）所示，水准管是一个两端封闭而纵向内壁磨成半径为7~80m圆弧的玻璃管，管内注满酒精和乙醚的混合液，加热密封，冷却后在管内形成气泡。

水准管顶面圆弧的中心点 *O*，称为水准管零点。通过 *O* 点作一切线 *LL* 称为水准管轴。安装时水准管轴与望远镜视准轴平行。当气泡的中心点和零点重合即气泡被零点平分时，称为气泡居中，此时，水准管轴成水平位置，视准轴也同时水平。为了便于判断气泡是否严格居中，一般在零点两侧每隔2mm刻一分划线，如图2-8（b）所示。

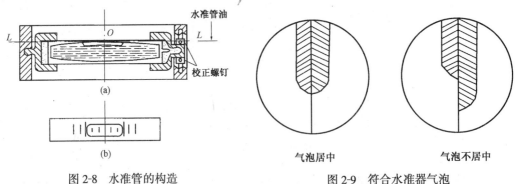

图2-8 水准管的构造　　　　　图2-9 符合水准器气泡

水准管上每2mm弧长所对应的圆心角称为水准管的分划值。分划值的大小是反映水准管灵敏度的重要指标。水准管分划值有10″、20″、30″和60″等几种。分划值愈小，水准管轴的整平精度愈高。DS$_3$型水准仪的水准管分划值为20″。

在水准测量观测中，为了提高眼睛判断水准管气泡居中的精度，在水准管的上方安装了一组棱镜，通过棱镜的反射，把水准管一半气泡两端的影像折射到望远镜旁的气泡观察窗内，如图2-6中6所示。在气泡观察窗内可以看到如图2-9所示图像，当气泡居中时，即气泡被零点平分，两端长度相等，两端半气泡就吻合，观察窗内图像如图2-9（a）所示；当气泡不居中时，两端半气泡不吻合，观察窗内图像如图2-9（b）所示。

当气泡不居中时，通过调节目镜下方的微倾螺旋，如图2-6中11所示，就可使水准管气泡居中，半气泡影像吻合，以便达到视线水平。这种具有提高居中精度的棱镜组装置的水准管，称为符合水准器。

（2）圆水准器

如图2-10所示，圆水准器是一个顶面内壁磨成半径0.5～1.0m的圆球面的玻璃圆盒，盒内注满酒精和乙酸的混合液，加热密封，冷却后在盒内形成气泡。它固定在仪器的托板上，玻璃球面的中央刻一圆圈，圆圈的中心称为圆水准器的零点，圆圈的中心和球心的边线称为圆水准器轴。圆水准盒安装时，圆水准器轴和仪器的竖直轴平行。当气泡中心与圆圈中心重合时，表示气泡居中，此时圆水准器轴处于铅垂位置，仪器竖直轴铅垂，仪器就处于概略水平状态。

过零点各方向上3mm弧长所对应的圆心角称为圆水准器的分划值，由于圆水准器顶面半径短，分划值

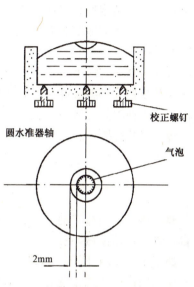

图2-10 圆水准器的构造

大，其整平精度低，所以在水准仪上圆水准器只作概略整平。DS_3型水准仪圆水准器的分划值一般为$8' \sim 10'$。

3.3 基　座

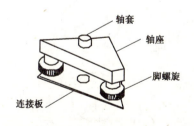

如图2-11所示，基座主要是由轴座，脚螺旋和三角形的连接板组成。基座向上支承仪器上部；向下与三脚架连接在一起。仪器的竖直轴套在轴套内，可使仪器上部绕竖直轴在水平面内旋转。

图2-11 基座

课题4　水准仪的使用方法

使用水准仪进行水准测量的基本操作步骤包括：选择测站位置、安置仪器、概略整平、照准标尺、精确整平、读取标尺读数、记录和计算等，现分别介绍如下。

4.1 选择测站位置

使用水准仪前,应该根据场地起伏、通视、精度要求等情况,选择在后视、前视距离接近相等且地面平坦、坚实处安置仪器。

4.2 安置仪器

测站位置选定后,先将三脚架架腿固定螺旋松开,按需要将脚架长度调节合适,一般情况下,使三条架腿的长度大致相等,分开的跨度要适中,跨度过小则仪器易被碰倒,过大则容易滑开。如在倾斜的坡地上架设仪器,可稍放长两条架腿,使稍长的架腿在坡下,将稍短的架腿放在坡上。如在光滑的地面上架设仪器,要注意采取安全措施,防止脚架滑动而摔坏仪器。脚架长度调节合适后,应拧紧架腿固定螺旋,踩稳三个架腿。为便于整平仪器,要求在安置三脚架时应使其架头大致水平。

脚架安置稳固后,便可从箱中取出水准仪,用连接螺旋使水准仪与三脚架头紧固地连接在一起。

4.3 概略整平

概略整平是通过转动三个脚螺旋,使圆水准器的气泡居中,使仪器的竖直轴处于大致竖直位置,从而使微倾螺旋处于可调节范围内,为精确整平创造条件。

如图 2-12(a)所示,概略整平时,首先用双手按相对方向转动任意两个脚螺旋,使气泡移动到这两个脚螺旋连线方向的居中位置,然后转动第三个脚螺旋使圆气泡完全居中,如图 2-12(b)所示。

转动脚螺旋时,气泡运动方向与左手大拇指运动方向一致。反复整平,直到水准仪转到任何方向气泡都完全居中为止。

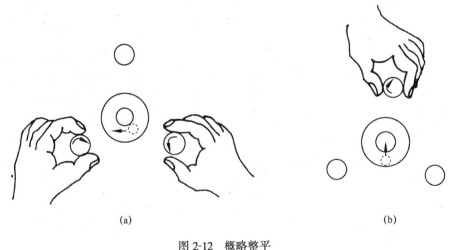

(a)　　　　　　　　　　　　　　　　(b)

图 2-12 概略整平

4.4 照准标尺

水准仪是通过望远镜来照准水准标尺的,具体操作步骤如下:

(1) 松开制动螺旋,将望远镜物镜对向明亮的背景,转动目镜调焦螺旋,使十字丝清晰。
(2) 用望远镜筒上的准星,概略地照准水准标尺,使标尺在目镜的视场内,拧紧制动螺旋,固定水准仪。
(3) 转动物镜调焦螺旋,使水准标尺清晰。
(4) 转动水平微动螺旋,使水准标尺的中央或任一边在十字丝纵丝附近。
(5) 眼睛在目镜处上、下移动,观察水准标尺的分划与十字丝横丝有无错动。如有错动,存在视差,立即消除。

4.5 精确整平

转动微倾螺旋使水准管中气泡严格居中,从而使望远镜的视线精确水平的过程即精确整平。

进行精确整平时,首先在气泡观察窗(图2-6中6)中观察水准管气泡,用右手缓慢而均匀地转动微倾螺旋,直到气泡两端半气泡影像完全吻合为止。

4.6 读取标尺读数

精确整平后,可以读取标尺读数。读数是读取十字丝中丝(横丝)截取的标尺数值。
读数时,从上向下(倒像望远镜),由小到大,先估读毫米,依次读出米、分米、厘米,读四位数,空位填零。如图2-13中的读数分别为1.274、5.960、2.562m。为了方便,可不读小数点。读完数后仍要检查半气泡是否吻合,若不吻合,应重新调平,重新读数。

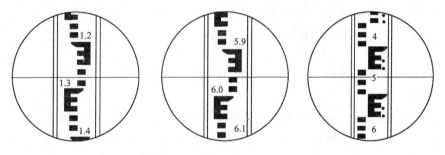

图2-13 水准仪的读数

4.7 注意事项

(1) 领取仪器时,必须对仪器的完好性及附件进行检查,发现问题及时反映。
(2) 安置仪器时,中心螺旋要拧紧。操作时仪器的各螺旋尽量置在中间位置,不拧到极限,同时用力要轻巧均匀。
(3) 迁站时如路面平坦且距离较近时,可不卸下仪器,用手托着仪器的基座进行搬迁。否则,必须将仪器装箱后搬迁。
(4) 在烈日或阴雨天进行观测时,应撑伞保护仪器,防止暴晒和雨淋。
(5) 仪器用完后须擦去灰尘和水珠,不能用手或手帕擦拭光学部分。
(6) 仪器长期不用应放置在通风、干燥、阴凉、安全的地方。注意防潮、防水、防霉、防碰撞。

课题 5　实训——水准仪的使用

5.1　目的与要求

(1) 了解水准仪的一般构造。
(2) 学会水准仪的安置、瞄准和读数。
(3) 测量地面两点间高差。

5.2　人员组织、场地与仪器

(1) 人员组织
3~5 人一组，轮换操作。实习完成后，每人上交实习报告 1 份。
(2) 仪器工具
每小组配备水准仪 1 套，水准尺 1 根，尺垫 1 个，记录板 1 个，伞 1 把。
(3) 场地布置
在室内或室外较开阔场地选 A、B 两点。

5.3　实训内容

(1) 测站选择与水准仪的架设
选择距离 A、B 两点距离大致相等的位置架设三脚架，使其高度适中，架头大致水平，踩实脚架并用连接螺旋将仪器固定在三脚架上。
(2) 认识仪器
了解水准仪各部件名称、作用及使用方法；熟悉水准尺分划、注记。
(3) 概略整平
任选一对脚螺旋，在其连线的方向上调整这两个脚螺旋，使圆水准器气泡居于连线方向的中间，再转动另一脚螺旋，使气泡居于圆水准器的中央。操作规律为：左手大拇指的运动方向与气泡移动方向一致；两手转动脚螺旋时，做对向转动。
(4) 照准标尺
先调节目镜调焦螺旋，使十字丝清晰。转动仪器，用准星和照门瞄准水准尺，拧紧制动螺旋。转动物镜调螺旋，看清水准尺，调整水平微动螺旋，使水准尺成像在十字丝交点处。注意消除视差。
(5) 精确整平并读数
瞄准后视水准尺，调整微倾螺旋，直到使水准管气泡两端半气泡影像完全吻合为止，立即用中丝在水准尺上读取四位读数；同法读取前视水准尺读数。注意空位填零。
(6) 记录与计算
观测者读取读数时，记录员复诵记入表 2-1 中相应栏内。测完后视尺、前视尺读数即可计算出两点间高差。

5.4 注意事项

(1) 读数前务必将水准管的符合水准气泡严格吻合，读后检查；若不吻合，应重新调平，重新读数。

(2) 转动各螺旋要稳、轻、慢，用力要轻巧、均匀。

(3) 读数时要注意消除视差。

水准测量记录表　　　　　　　　　　　　　表 2-1

日期_____班级_____组别_____姓名_____学号_____

测站	测点	后视读数 a (m)	前视读数 b (m)	高差 (m)		高程 (m)	备注
				+	−		
计算检核							

实训场地布置示意图

实习总结

课题6 地面点高程的测量方法

测量地面点高程的工作即水准测量,水准测量包括:拟定水准路线和埋设水准点,外业观测,水准路线高差闭合差的调整和高程计算。下面分别介绍水准测量的各项工作。

6.1 拟定水准路线和埋设水准点

根据具体工程建设或地形测量的需要,在水准测量之前,必须进行技术设计,以便选择既经济又合理的水准测量路线。为了使用高程的方便,在拟定的水准路线上,按规定或需要的间距埋设一些水准点。水准点是固定的高程标志,常用"BM"表示,两相邻水准点之间的观测区段,称为一个测段。

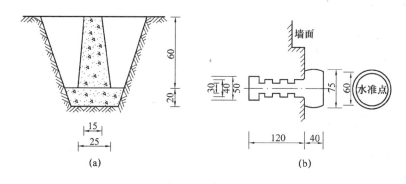

图 2-14 永久性水准点

水准测量按具体要求可埋设如图2-14所示的永久性水准点,也可埋设图如 2-15 所示的临时性水准点。在大中型建筑工地上其水准点可用混凝土制成,顶部嵌入半球状金属标志,如图2-15(a)所示。在小型建筑工地上可用大木桩打入地下,桩顶钉以半球状的金属圆帽钉,如图2-15(b)所示。为了便于保护与使用,水准点埋设后,应绘制点位略图。

为了便于计算各水准点高程,并可方便地检查校核测量中可能产生的错误,水准路线要按一定的形式拟定。水准路线的形式有以下三种:

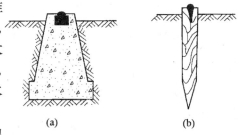

图 2-15 临时性水准点

(1)附合水准路线

如图2-16所示,从一个已知高级水准点出发,沿选定的测量路线,并通过设置的水准点进行观测,最后附合到另一个已知的高级水准点上,这种水准路线称为附合水准路线。

(2)闭合水准路线

如图2-17所示,从一个已知高级水准点出发,沿选定的测量路线并通过设置的水准点进行观测，最后又闭合到该已知高程水准点上，这种水准路线称为闭合水准路线。

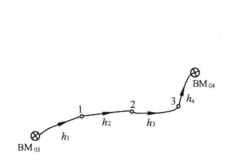

图2-16 附合水准路线

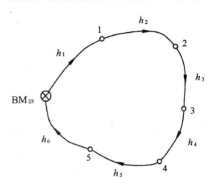

图2-17 闭合水准路线

（3）支水准路线

如图2-18所示，从一个已知高级水准点出发，沿选定的测量路线并通过设置的水准点进行观测，既不闭合又不附合到另一已知高级水准点上，这种水准路线称为支水准路线。

上述三种形式的水准路线所测得的高差值只有附合和闭合水准路线可以与已知高级水准点进行校核，而支水准路线无法校核。因此，支水准路线不但路线的长度有所限制，点数不超过两个，而且在采用支水准路线进行水准测量时还须进行往测与返测，用两个不同方向的测量结果进行比较，以资校核。

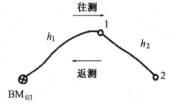

图2-18 支水准路线

6.2 外业观测

（1）外业观测的程序

在选定水准测量路线并埋设完毕水准点后，即开始进行水准测量的外业观测工作，其观测程序为：

1）在起始水准点上，不放尺垫，直接放在标志上立标尺，作为后视。

2）在水准路线的前进方向上安置水准仪，水准仪离后视标尺最长不要超过100m。概略整平，照准标尺并消除视差再精确整平，最后读取中丝读数。并记入表2-2手簿中。

3）在水准路线的前进方向的适当地方（前、后视大致相等处）选择前视标尺的转点，放置并踩稳尺垫，将前视标尺竖立在尺垫上，作为前视。

4）转动水准仪，照准前视标尺，消除视差，精确调平，读取中丝读数，记入手簿。

5）前视尺不动，将后视尺迁到前面作为前视尺，而原前视变为后视尺。水准仪迁到后视、前视尺中间位置，重复2、3、4步的方法进行操作，直到最后一个水准点上。

（2）注意事项

外业观测中，应注意以下事项：

1）在水准点上立尺时，不要放尺垫，直接将水准尺立在水准点标志上。

2）为了读取准确的标尺读数，水准尺应立垂直，不得前后、左右倾斜。

3）在观测中，记录应复诵，以免听错、记错。在确认观测数据无误，又符合要求后，后视尺才准许提起尺垫迁移。否则后视尺不能移动尺垫。

4）前、后视距应大致相等，以消除或减弱仪器水准管轴与视准轴不完全平行所引起的误差。

5）记录、计算字迹清晰工整，易于辨认；读错、记错、算错时须用斜线划掉，将正确数据重新记在它的上方，不得涂改，保持记录的原始性。

水准测量记录手簿　　　　　　　　　　表 2-2

工程名称：××××　　　日期：04.6.20　　　观测者：× ×
仪器型号：$DS_3$0418　　　天气：晴　　　　记录者：× ×

测站	点号	后视读数 (m)	前视读数 (m)	高差 (m) +	高差 (m) −	高程 (m)	备注
1	$BM_{Ⅳ3}$	2.674		1.251		84.886	
2	TP_1	2.538	1.423	0.792			
3	TP_2	1.986	1.746	1.052			
4	TP_3	1.542	0.934	0.216			
5	TP_4	1.473	1.326		−0.369		已知
	TP_5		1.842			87.828	
计算检核		Σ10.213	Σ7.271	Σ3.311 0.369 +2.942	−0.369		
		+2.942		+2.942			

（3）测站检核

外业观测结束后，为了保证观测高差正确无误，必须对每测站的观测高差进行检核，这种检核称为测站检核。测站检核常采用双仪高法和双面尺法进行。

1）双仪高法。在每测站上，利用两次不同的仪器高度，分别观测高差之差值不超过±5mm，则取平均值作为该测站的观测高差。否则重测。

2）双面尺法。在每测站上，不改变仪器高度，分别读取双面水准尺的黑面和红面读数。红面读数减去4.687m或4.787m应等于黑面读数，其差值不超过±3mm，则取其平均值作为标尺读数。否则重测。

6.3 水准路线高差闭合差的调整和高程计算

（1）高差闭合差的计算

由于进行水准测量时，受仪器本身、气候、观测者等因素的影响，给观测的数据带来了不可避免的误差，致使所观测的结果无论是对一个测站或对一条水准路线而言，与理论的数据不相符。所以把一条水准路线实际测出的高差和已知的理论高差之差称为水准路线的高差闭合差，用 f_h 表示。

附合水准路线的高差闭合差为

$$f_h = \sum h - (H_{终} - H_{始}) \tag{2-5}$$

闭合水准路线的高差闭合差为

$$f_h = \sum h \tag{2-6}$$

支水准路线的高差闭合差为

$$f_h = \sum h_{往} + \sum h_{返} \tag{2-7}$$

(2) 普通水准测量高差闭合差的允许值

为了保证测量成果的精度，水准测量路线的高差闭合差不允许超过一定的范围，否则应重测。水准路线高差闭合差的允许范围称为高差闭合的允许值。普通水准测量时，平地和山地的允许值按下式计算：

$$平地：f_{h允} = \pm 40\sqrt{L} \text{mm} \tag{2-8}$$

$$山地：f_{h允} = \pm 12\sqrt{n} \text{mm} \tag{2-9}$$

式中　L——水准路线的总长度，以"km"为单位；
　　　n——水准路线的总测站数。

(3) 高差闭合差的调整

对于附合与闭合水准路线来说，当高差闭合差满足允许值时，可以进行调整。即将产生的闭合差科学合理的分配在各测段中。因在进行水准测量时观测条件相同，可认为各测站产生的观测误差是相等的。所以，水准路线高差闭合差的调整原则是：各测段高差闭合差的调整值的大小与测段的长度或测站数成正比例。即测段距离愈长或测站数愈多，那么该测段应调整的数值就愈大。反之，愈小。调整值的符号与高差闭合差的符号相反。

调整值用 v 表示，如第 i 测段水准测量的高差闭合差的调整值就为

$$v_i = -\frac{f_h}{\sum_L} \times L_i \tag{2-10}$$

或

$$v_i = -\frac{f_h}{\sum_n} \times n_i \tag{2-11}$$

式中　$\sum_L$，$\sum_n$——路线的总长度或总测站数；
　　　L_i，n_i——相应测段水准路线的长度或测站数。

当按式（2-10 或 2-11）计算出各段的调整值后，将各测段的观测高差值与该测段的调整值取代数和，求得各测段经调整后的高差值。

即

$$h_i = h'_i + v_i \tag{2-12}$$

对于支水准路线来说，调整后的高差值就为往返观测符合要求后测量结果的平均高差值。即按下式计算

$$h = \frac{|h_{往}| + |h_{返}|}{2} \tag{2-13}$$

调整后的高差的符号取往测高差的符号。

(4) 各点高程的计算

对于附合水准路线或闭合水准路线来讲，须根据起点的已知高程加上各段调整后的高差依次推算各所求点的高程。

即

$$H_i = H_{i-1} + h_i \quad (i = 1, 2, 3\cdots\cdots) \tag{2-14}$$

推算到终点已知高程点上时，应与该点的已知高程相等。否则，说明计算有误，找出

原因，重新计算。

对于支水准路线来说，因无法检核，应在计算中要仔细认真，确认计算无误后方能使用计算成果。

图 2-19 是一条附合水准路线，高差闭合差的调整与高程计算的步骤及结果按表 2-3 进行。

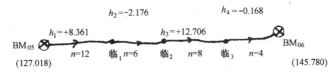

图 2-19 附合水准路线

附合水准路线高差闭合调整与高程计算　　　　表 2-3

点　号	测站点 n	实测高差 (m)	高差改正数 (m)	改正后高差 (m)	高　程 (m)	备　注
1	2	3	4	5	6	7
BM$_{05}$					127.018	已知
	12	+8.361	+0.016	+8.377		
临$_1$					135.395	
	6	-2.176	+0.008	-2.168		
临$_2$					133.227	
	8	+12.706	+0.010	+12.716		
临$_3$					145.943	
	4	-0.168	+0.005	-0.163		
BM$_{06}$					145.780	已知
	$\sum 30$	$\sum +18.723$	$\sum +0.039$	$\sum +18.762$		

辅助计算

高差闭合差　　　　　　　$f_h = \sum h - (H_6 - H_5)$
　　　　　　　　　　　　　$= +18.723 - 18.762 = -0.039\text{m} = -39\text{mm}$

高差闭合差允许值
　　　　　　　　　　　　$f_{h允} = \pm 12\sqrt{n} = \pm 12\sqrt{30} = \pm 65\text{mm}$
　　　　　　　　　　　　　$|f_h| < |f_{h允}|$ 合格

闭合水准测量路线的高程计算，除高差闭合差按式（2-7）计算外，其闭合差的调整方法，允许值的大小，均与附合的水准路线相同。

支水准路线的高程计算，可参照下面实例进行。

如图 2-20 所示，已知水准点 A 的高程为 $H_A = 1048.653$m。欲求得 1 点的高程，往测高差为 $h_{往} = +2.418$m，返测高差为 $h_{返} = -2.436$m。往测和返测各段了 5 个站。则 1 点高程计算方法如下：

高差闭合差为
　　　　　　　　　$f_h = h_{往} + h_{返}$
　　　　　　　　　　$= +2.418 - 2.436 = -0.018\text{m}$

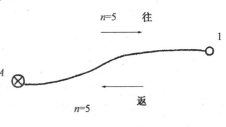

图 2-20 支水准路线

闭合差允许值为

$$f_{n允} = \pm 12\sqrt{n} = \pm 12\sqrt{5} = \pm 27\text{mm}$$

$$|f_n| < |f_{n允}| \text{观测合格}$$

取往测和返测高差绝对值的平均值作为 A、1 两点间的高差，其符号与往测高差符号相同。

即

$$h_{A1} = \frac{|+2.418|+|-2.436|}{2} = +2.427\text{m}$$

那么 1 点的高程

$$H_1 = H_A + h_{A1} = 1048.653 + 2.427 = 1051.080\text{m}$$

课题 7　地面点高程的测设方法

测设已知高程是根据附近的水准点，将设计的高程测设到地面上，作为施工时控制标高的依据。在建筑设计和施工的过程中，为了计算方便，一般把建筑物的室内地坪面用 ±0.000 表示，基础、门窗等标高都是以 ±0.000 为依据，相对于 ±0.000 测设的。在土建施工场地上均要进行 ±0.000 高程测设。

测设时，把水准仪安置在水准点与待测点中间，在水准点上立尺读取后视读数，求得视线高程 $H_视$，再由视线高程 $H_视$ 和建筑物的设计高程 $H_设$ 求出测设时的应读前视读数 $b_应$，即

$$b_应 = H_视 - H_设 \tag{2-15}$$

然后在待测处立尺，上下移动，当水准仪读数为 $b_应$ 时，其尺底即为设计高程的位置。

【例 2-1】如图 2-21 所示，欲根据 3 号水准点的高程 H_3 = 44.680 m 测设某建筑室内地坪（±0.000）的设计高程 $H_设$ = 45.000 m 的位置，并标定在木桩 A 上，作为施工时控制高程的依据。测设步骤如下：

(1) 在水准点 BM_3 和木桩 A 中间安置水准仪，在 BM_3 上立水准尺，读取后视读数 a 为 1.556 m。那么视线高为：$H_视 = H_3 + a$ = 44.680 + 1.556 = 46.236m。

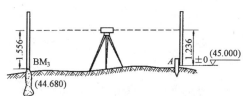

图 2-21　已知高程点测设

(2) 由 $H_视$ 和 $H_设$ 计算应读前视读数 $b_应$ 为：$b_应 = H_视 - H_设$ = 46.236 - 45.000 = 1.236m。

(3) 上下移动竖立在木桩 A 侧面的水准尺，当水准仪读数为 1.236 m 时，紧靠尺底，在桩上画一横线，其高程即为 45.000 m。

在深基槽内或较高的楼层上测设高程时，如水准尺的长度不够，则应在槽底或楼面上先设置临时水准点，然后将地面点的高程（或室内地坪 ±0.000）传递到临时水准点上，再测设所需要高程，如图 2-22 所示。

图 2-22（a）为由地面水准点的高程向槽底临时水准点 B 进行高程传递的示意图。在槽边架设吊杆并吊一根零点向下的钢尺，尺的下端挂上一重坠。分别在地面和槽底安置两台水准仪，若已知水准点 A 的高程为 H_A，则 B 点的高程为

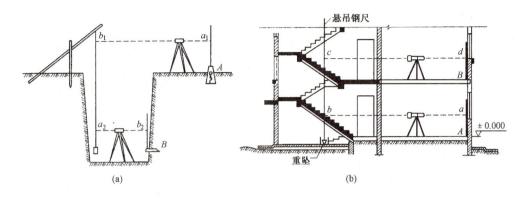

图 2-22 高程传递的方法

$$H_B = H_A + a_1 - (b_1 - a_2) - b_2 \qquad (2\text{-}16)$$

式中 a_1、b_1、a_2、b_2——尺读数。

图 2-22（b）为由 ±0.000 标志向楼层上进行高程传递的示意图。同样在楼梯间悬吊一零点向下的钢尺，下端挂一重坠。即可用水准仪逐层引测。楼层 B 点的高程为

$$H_B = \pm 0.000 + a + (c - b) - d \qquad (2\text{-}17)$$

式中 a、b、c、d——尺读数。

改变吊尺位置，再进行读数计算高程，以便检核。

在实际工作中，经常测设比每层地面设计标高高出 0.5 m 的水平线来控制每层各部位的标高，该线称为"+50"线。

课题 8　实训——地面点高程的测量与测设

8.1　目的与要求

（1）掌握普通水准测量的观测、记录、计算和检核的方法。
（2）熟悉闭合（或附合）水准路线的施测方法，闭合差的调整及待定点高程的计算。
（3）熟悉高程的测设方法，确定点的高程位置。高程测设限差范围不大于 ±10mm。

8.2　人员组织、场地与仪器

（1）人员组织
3～5 人一组，轮换操作。实习完成后，每人上交实习报告 1 份。
（2）仪器工具
每小组配备水准仪 1 套，水准尺 1 根，尺垫 1 个，木桩 3～5 个，小钉 5 个，手锤 1 把，记录板 1 个，伞 1 把。
（3）场地布置
以已知高程点 A 为起点，选一条闭合（或附合到另一已知点 C）水准路线，以 4～6 测站为宜，中间设一待定点 B。在 A 附近选择一点 P 作为待测设高程点，其设计高程为 H_p。

8.3 实训内容

（1）在 A、B 两点之间选 2~4 个转点，安置仪器于 A 点与转点 1 中间，前、后视距大致相等（可用步量）。

（2）在 A 点上立水准尺，读取后视读数；再前视转点 1 读数，然后记入表 2-4 并计算高差。

（3）如上方法测量各测站，经过 B 点返回 A 点（C 点）。

（4）计算高差闭合差是否超限。

$$f_{h允} = \pm 12\sqrt{n}\,\text{mm} \qquad (n\text{ 为测站数})$$

$$f_{h允} = \pm 40\sqrt{L}\,\text{mm} \qquad (L\text{ 为路线长度，以"km"为单位})$$

（5）若高差闭合差值在容许范围内，则进行调整，计算待定点的高程；否则，须重测。了解水准仪各部件名称、作用及使用方法；熟悉水准尺分划、注记。

（6）高程的测设

将水准仪安置于 P 点与 A 点之间，后视水准尺读 a，计算出视线高 $H_i = H_水 + a$；同时计算 P 点的尺上读数 $b = H_i - H_P$，即可在 P 点木桩上立尺进行前视读数；然后在 P 点立尺。立尺时尺要紧贴木桩侧面，水准仪瞄准标尺时使其贴着木桩上下移动，当尺上读数正好等于 b 时，则沿尺底在木桩上划一横线，即为设计高程的位置。重测一次，以作检核。高程测设表见表 2-5。

8.4 注意事项

（1）已知点与待定点上不能用尺垫，土路上的转点必须用尺垫。仪器迁站时，前视点上的尺垫不能移动。

（2）前、后视距大致相等。注意消除视差。

（3）测设后进行检核，误差超限时重测，并做好记录。

水准路线测量实习记录计算表

表 2-4

日期_____ 班级_____ 组别_____ 姓名_____ 学号_____

测站	测点	后视读数 a (m)	前视读数 b (m)	高差（m） +	高差（m） −	高程（m）	备注

计算检核	

待定点高程计算
(1) 高差闭合差 $f_h =$
(2) 允许闭合差 $f_{h允} = \pm 12\sqrt{n}\,\text{mm}$；
(3) 各段高差改正数；
(4) 各段改正后高差；
(5) 待定点高程；
(6) 水准点高程

实训场地布置示意图

实习总结

已知高程测设实习记录计算表

表 2-5

日期_____ 班级_____ 组别_____ 姓名_____ 学号_____

测站	水准点高程 (m)	后视读数 (m)	视线高程 (m)	待测设点设计高程 (m)	前视尺应读数 (m)	检测		备注
						读 数	误 差	

实训场地布置示意图

实训总结

思考题与习题

1. 什么叫水准点、转点、视准轴、圆水准器轴、水准管轴、水准管分划值？
2. 水准仪有哪些螺旋？各起什么作用？
3. 根据表2-6水准测量记录，计算高差及高程并进行校核，最后绘图说明其施测情况，各点的标尺读数亦请在图中注明。
4. 水准测量有哪几种路线？请按图2-23中所给数据，计算出各点高程。
5. 简要叙述水准测量的基本方法。

水准测量记录手簿　　　　　　　　　　　表2-6

测　点	后视读数 a (m)	前视读数 b (m)	高差 h (m) +	高差 h (m) −	高　程 (m)	备注
BM_1	0.157				1048.376	新华桥东侧
TP_1	0.964	2.370				
TP_2	0.305	3.907				
A	1.432	1.043				
TP_3	3.387	0.417				
TP_4	2.679	1.824				
B		0.264				
检　核						

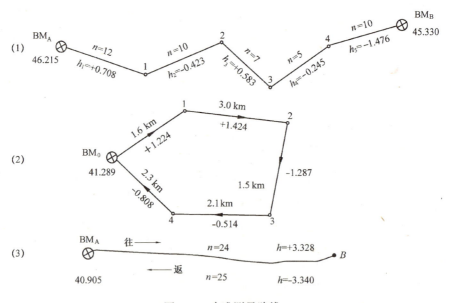

图 2-23　水准测量路线

6. 利用高程为 107.531 m 的水准点测设高程为 107.931 m 的基础标高线。设尺立在水准点上时，按水准仪的水平视线在尺上画一条线，问在同一根尺上应该在什么地方再画一条线，才能使视线照准此线时，尺子底部就是基础高程的位置。

单元 3 角 度 测 量

知识点：经纬仪的使用；角度的测量与测设。
教学目标：理解角度测量的原理与方法；熟悉经纬仪的构造与使用；掌握角度测量与测设的方法。

角度测量是测量工作的基本内容之一，它分为水平角测量与竖直角测量。测量水平角是为了确定地面点的平面位置；测量竖直角是为了确定地面点的间接高程。常规的测角仪器是经纬仪。它主要用于测量水平角和竖直角，也可以进行直线标定、竖直面投测以及辅助测定测站点到目标点间的距离和高差，广泛应用于工程测量中。本单元主要介绍水平角与竖直角的观测方法，常用经纬仪的构造及使用等内容。

课题 1 角度的概念及测量原理

1.1 水平角的概念及测量原理

地面上一点到两目标点的方向线垂直投影到水平面上所夹的角称为水平角，通常用 β 表示，其范围在 0°~360°之间。

如图 3-1 所示，直线 AB、AC 所夹的水平角是指为 AB、AC 垂直投影到水平面 P 上水平线 ab 与 ac 的夹角 β。由此可见，水平角 β 即为通过 AB 与 AC 两个铅垂面的二面角。二面角的棱线为铅垂线，在铅垂线上任一点作一水平面，则它和这两个铅垂面的交线所夹的角也一定等于水平角 β。

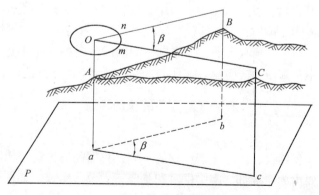

图 3-1 水平角测量原理

因此，在 A 点铅垂线上任意点 O 处水平的放置一个有刻划的圆盘，圆盘的圆心与 O 点重合，圆盘上设有可以绕圆心转动的望远镜，它不但能在水平面内转动，以照准不同方向上的目标，而且也能上下转动，以照准不同高度的目标，并上下转动时视线保持在同一铅垂面内。当望远镜照准地面点 B 时，构成 OB 的铅垂面，在圆盘上可读一数为 n，当望远镜再照准地面点 C 时，构成 OC 的铅垂面，在圆盘上又可读一数为 m，则这两个方向线所夹的水平角为 $\beta = m - n$。

1.2 竖直角的概念与测量原理

在同一竖直面内，照准方向线与水平线的夹角称为竖直角（又称垂直角、竖角）。通常用 α 表示，其值 $0° \sim \pm 90°$。

如图 3-2 所示，照准方向线在水平线之上时称为仰角，角值为正值；照准方向线在水平线之下时称为俯角，角值为负值。

与竖直角概念接近的天顶距是在同一竖直面内，照准方向线与铅垂线的夹角 Z，从天顶上方向下计算，角值从 $0° \sim 180°$。在电子经纬的竖直角测量时有天顶距测量和竖直角测量的不同设置，因此要特别注意。

竖直角与水平角一样，其角值也是度盘上两方向读数之差，不同

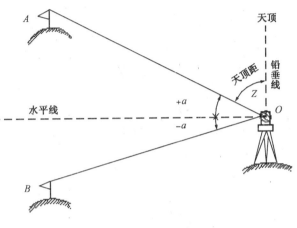

图 3-2 竖直角测量原理

的是两方向中有一个方向是水平方向。由于经纬仪的构造，当视线水平时，其竖盘读数为 $0°$、$90°$、$180°$、$270°$ 四个固定值中的一个。因此，测量竖直角时，只需读出照准方向线在竖盘上的读数，与水平线的固定值之差即为竖直角。

课题 2　光学经纬仪的构造

国产经纬仪按其精度分为 DJ_{07}、DJ_1、DJ_2、DJ_6、DJ_{15} 及 DJ_{60} 等不同等级。其中"D"、"J"分别为"大地测量仪器"和"经纬仪"汉语拼音第一个字母，下标数字表示该仪器所能达到的精度指标。如 DJ_2 表示水平方向测量一测回的方向中误差不超过 $\pm 2''$ 的大地测量经纬仪。工程测量中常采用 DJ_6 型及 DJ_2 型光学经纬仪。下面分别给以介绍：

2.1　DJ_6 型经纬仪的构造

（1）一般构造

各种型号的光学经纬仪，由于生产厂家的不同，仪器的部件和结构不尽相同，但基本构造大致相同，主要由为照准部、水平度盘和基座三大部分组成。如图 3-3 所示为北京光学仪器厂生产的 DJ_6 型光学经纬仪的外形及各部件名称。

1）照准部。照准部是指水平度盘以上能绕竖轴转动的部分，这一部分主要包括：望远镜、竖直度盘、照准部水准管、圆水准器、光学光路系统、测微器等。这一部分装在底部有竖轴的 U 形支架上，其中望远镜、竖直度盘和横（水平）轴是连在一起并安装在支

架上，当望远镜上下转动时，竖直度盘也随之转动；当望远镜绕竖轴水平方向转动时，可在水平度盘上读取刻划读数。望远镜无论上下、水平方向转动都可借助于各自的制动螺旋和微动螺旋固定在任何一个部位。

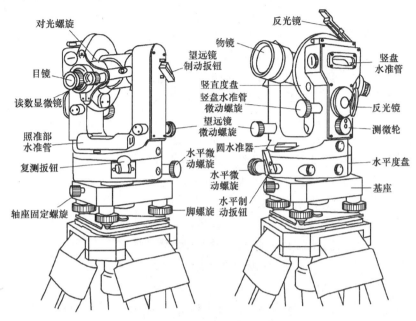

图 3-3 DJ$_6$ 型光学经纬仪

照准部上的光学对中器（或采用垂球）及水准管在安置仪器时可使水平度盘的圆心位于地面点的铅垂线上并能使水平度盘处于水平位置。

2) 水平度盘。水平度盘和竖直度盘都是用玻璃制成而精确刻划的圆盘。

水平度盘的空心外轴套在度盘旋转轴套外，而照准部的竖轴则穿过度盘和外轴中心，插入度盘旋转轴套内，然后再插入基座的轴套内。拧紧轴座固定螺钉就可使照准部连同水平度盘与基座固定在一起。因此在使用仪器的过程中，切勿松动该螺钉，以免仪器上部与基座脱离而坠地。

水平度盘可根据测角的需要，使用水平度盘读数变换手轮或复测扳钮来改变度盘上的读数位置。复测扳钮又称离合器。扳上扳钮，可使水平度盘与照准部分离，转动照准部可读取水平度盘上不同方向的读数。扳下扳钮，可使水平度盘与照准部扣合，转动照准部时，水平度盘一起转动而读数不变。采用水平度盘读数变换手轮瞄准一个目标方向后，可任意设置度盘的读数。

3) 基座。基座是支承仪器上部并与三脚架起连接作用的一个构件，它主要是由轴座、三个脚螺旋和底板组成。

仪器与三脚架连接时，必须将三脚架头上的中心螺旋旋入基座的底板上，并使之固紧。基座上的三个脚螺旋是用来整平仪器而设置的，因脚螺旋升高、降低的幅度较小，所以在整平仪器时，须使三脚架的架头大致水平。否则，三个脚螺旋升高、降低到极限位置也无法整平仪器。

(2) 测微装置与读数方法

DJ₆光学经纬仪的水平度盘和竖直度盘直径很小,度盘最小分划一般为1°或0.5°,小于度盘最小分划的读数必须借助光学测微装置读取。DJ₆型光学经纬仪的测微装置通常采用测微尺或单平板玻璃测微器。由于测微装置不同,读数方法也不同。下面分别介绍这两种测微装置。

1) 测微尺装置及其读数方法。在光学光路中装一条格尺,在视场中格尺的长度等于度盘最小分划的长度。尺的零刻划就是读数的指标线,此种装置称为测微尺。如图3-4所示,为读数显微镜内所看到的度盘及测微尺的影像。注有"H"(或"水平")的是水平度盘读数窗;注有"V"(或"竖直")的是竖直度盘的读数窗,度盘刻划为0°~360°,每1°为一格,测微尺上刻60小格,它和度盘上度分划值的影像长度相等。所以测微尺上每个分划值为1′,可估计到0.1′(即6″)。每10个分划注记一个数字,注记的增加方向与度盘上注记增加方向相反。读数时,先调节读数显微镜目镜,使度盘及测微尺影像清晰。然后,先读取位于测微尺上的度盘分划的注记度数,分数为从测微尺零分划到该度分划的整格数。不足1′的

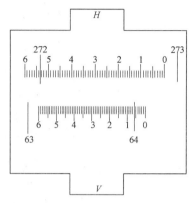

图3-4 测微尺读数窗影像

秒读数是把度分划所在的格分成10等份,每1份为6″,乘以度分划所占的十之几格。即秒数都为6的倍数,把各部分相加就为完整的读数。图3-4中,水平度盘读数为272°53′18″;竖直度盘读数为64°06′00″。

2) 单平板玻璃测微器装置及其读数方法。采用单平板玻璃测微装置的DJ₆型经纬仪,在反光镜的下面,设有测微轮。如图3-5是读数显微镜中所看到的度盘及测微装置影像。上部是两个度盘合用的测微轮分划尺,中间是竖直度盘,下部是水平度盘。度盘的分划从0°~360°,每度分为两格,每格为30′。测微轮的分划尺从0′~30′,每分又分成3小格,每小格为20″,不足20″的小数可估读$\frac{1}{4}$格,即为5″。

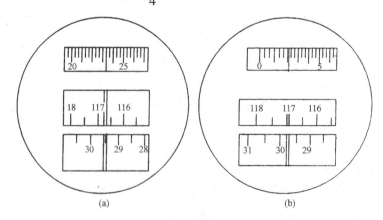

图3-5 单平板测微器读数窗影像

读数时,先转动测微轮,使度盘上的某一分划线精确地位于双指标线的中央,则这条

分划线的注记数字即为度盘的读数，不足一分划的小数即不足 30′ 的读数可从测微轮分划尺上读出，两部分相加即为完整的读数，图 3-5（a）中水平度盘的读数为 29°53′20″，图 3-5（b）中竖直度盘的读数为 117°02′05″。

2.2 DJ$_2$ 型光学经纬仪的构造与读数

（1）DJ$_2$ 型光学经纬仪的构造

如图 3-6 所示，为苏州第一光学仪器厂生产的 DJ$_2$ 型光学经纬仪的外形，各部件的名称如图所注。DJ$_2$ 型光学经纬仪与 DJ$_6$ 型光学经纬仪相比其构造基本相同。除了望远镜的放大倍数较大，水平度盘水准管的灵敏度较高，度盘分划值较小外，主要区别表现在以下两点。

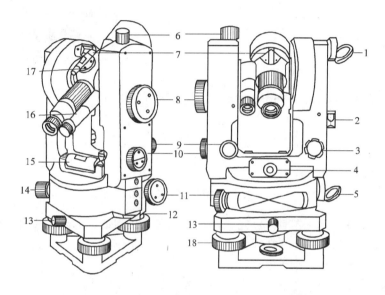

图 3-6　DJ$_2$ 型光学经纬仪

1—竖盘反光镜；2—竖盘指标水准管观察镜；3—竖盘指标水准管微动螺旋；
4—光学对中器目镜；5—水平度盘反光镜；6—望远镜制动螺旋；
7—光学瞄准器；8—测微轮；9—望远镜微动螺旋；10—换像手轮；
11—水平微动螺旋；12—水平度盘变换手轮；13—中心锁紧螺旋；
14—水平制动螺旋；15—照准部水准管；16—读数显微镜；
17—望远镜反光板手轮；18—脚螺旋

1）采用了度盘换像手轮。在 DJ$_2$ 型光学经纬仪的读数窗中，只能看到一个度盘影像，测角时利用换像手轮（图 3-6 中 10）切换到所需要的度盘影像。当换像手轮上的指示线水平时，显示水平度盘影像。当换像手轮上的指示线竖直时，显示竖直度盘影像。

2）采用对径符合读数方式。DJ$_2$ 型经纬仪利用度盘 180° 对径分划线影像符合法（相对于 180° 对径方向两个指标读数取其平均值），来读取一个方向上的读数，就可消除度盘偏心的影响。

（2）DJ$_2$ 型光学经纬仪的读数

DJ₂型经纬仪利用度盘180°对径分划线影像符合读数装置进行读数。外部光线进入仪器后，经过一系列棱镜和透镜的作用，将度盘上直径两端分划同时反映到读数显微镜的中间窗口，呈方格状。当转动测微轮时，呈上下两部分的对径分划的影像将作相对移动，当上下分划的影像精确重合时才能读数。

如图3-7所示，上下分划线的影像重合后，度数直接从读数窗读出，整10′数由中间小窗（或由符号"▽"指出）直接读取，不足10′的读数从测微窗读取。测微窗每格为1″，可估读至0.1″。如图3-7（a）读数为74°47′16.0″，（b）读数为94°12′44.2″。

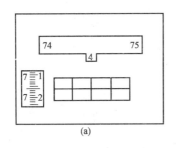 

(a)　　　　　　　　　　(b)

图3-7　DJ₂型光学经纬仪读数窗

课题3　经纬仪的使用

经纬仪的安置及使用

使用经纬仪测量角度之前，首先要将经纬仪安置在测站点上，同时要使仪器的水平度盘的圆心与地面上标志中心处在同一铅垂线上，这项操作称为对中。此外水平度盘还必须处于水平状态，这项操作称为整平。

（1）对中

首先将三脚架打开，调整好三脚架的高度，拧紧架腿上的固定螺钉，挂上垂球，安置在地面标志点上，并使架头大致水平，移动三脚架使垂球尖与地面标志大致对准，踩实三脚架，然后用中心螺钉连接经纬仪，最后移动基座，使垂球尖与地面标志点严格对准并拧紧中心螺钉。垂球对中误差不应超过±3mm。

目前，大多数经纬仪采用光学对中器进行对中，其方法如下：

1) 打开三脚架，使架头大致水平，大致对中，安放经纬仪，拧紧中心螺钉。

2) 转动光学对中器目镜调焦螺旋，使对中器分划板清晰，拉出或推进对中器的镜管，使地面标志点影像清晰。如光学对中器分划板中心与地面标志点偏离过大，可移动三脚架，使分划板中心与地面标志点接近。

3) 转动脚螺旋，使地面标志点对准对中器分划板中心。

4) 利用伸缩三脚架架腿概略整平，使圆水准器气泡居中，再转动脚螺旋，使照准部水准管气泡居中。

5) 检查地面标志点是否在对中器分划板中心，如偏离很小，可移动基座使其精确对中。否则，重复2、3、4项操作。采用光学对中器应使对中、整平工作反复交替进行，一般对中误差不应超过±1mm。

(2) 整平

整平的目的是让经纬仪的竖轴处于的铅垂位置,以达到水平度盘处于水平状态的目的,它是通过转动脚螺旋使照准部水准管气泡居中来完成的,其操作方法如下:

1) 概略整平。转动三个脚螺旋使圆水准器的气泡居中。

2) 精确整平。如图 3-8(a)首先转动照准部,使水准管的轴线和任意两脚螺旋的连线平行,分别用两手相对方向转动这两个脚螺旋使气泡居中,然后如图 3-8(b)再转动仪器 90°,如气泡偏离中点时,再转动第三个脚螺旋使其居中,这项操作反复进行两三次,直到仪器转到任何方向时,气泡都处在居中位置为止。

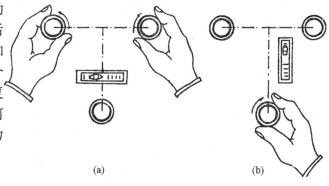

图 3-8 经纬仪的整平

(3) 照准目标

当经纬仪安置好后,即可松开水平和竖直的制动螺旋,调节目镜使十字丝清晰,先利用准星照准目标,使目标在望远镜的视场内,然后拧紧水平和竖直的制动螺旋,转动物镜调焦螺旋使目标清晰,最后再用微动螺旋精确的照准目标并消除视差。

当测量水平角时地面的目标要和十字丝的纵丝重合,当目标成像较小时要用双丝夹住目标,使目标在双丝的中间位置,为了减小目标的偏心误差,在测水平角时尽量瞄准目标的底部,如图 3-9(a)所示。

当测量竖直角时地面的目标顶部要和十字丝的横丝相切,为了减小十字丝横丝不水平的误差,照准目标时尽量使目标接近纵丝,如图 3-9(b)所示。

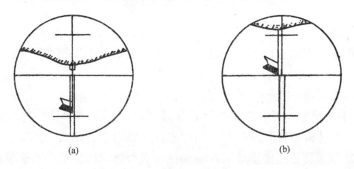

图 3-9 照准目标

(4) 读数和置数

1) 读数。读数的方法在 3.2 节中已经叙述,读数前须先打开经纬仪上的反光镜并对读数显微镜目镜进行调焦,使度盘影像清晰,如读取竖直度盘读数时,还须先使竖直度盘指标水准管气泡居中。

2) 置数。置数是在照准目标时,使水平度盘的读数为所需安置的读数。

置数的方法是借助于经纬仪上的水平度盘读数变换轮或复测扳钮完成的。

利用水平度盘读数变换手轮置数方法：先用盘左（竖直度盘位于望远镜左侧，也称为正镜；反之为盘右）精确照准目标，调节水平度盘读数变换手轮，使水平度盘读数为所需的读数，方可开始观测。

利用复测扳钮置数方法：盘左位置，转动测微轮使测微尺读数为所需的秒数；扳上扳钮打开水平制动螺旋，转动照准部，当接近所需读数时，拧紧水平制动螺旋，调节微动螺旋，使所需读数的度盘分划线位于双指标线的中央，扳下扳钮。此时水平度盘将随照准部一起转动，读数不会改变。照准目标后，再扳上扳钮，即可开始观测。

课题4 实训——经纬仪的使用

4.1 目的要求

（1）了解经纬仪的一般构造。
（2）掌握经纬仪的对中、整平、瞄准和读数方法。

4.2 仪器、工具及组织

（1）场地布置
在室内或室外通视是良好场地选 A、B、C 三点。
（2）仪器、工具
每小组配备经纬仪一套，测钎两根，记录板一个，雨伞一把。
（3）人员组织
三至五人一组，轮换操作。实际完成后每人上交实习报告一份。
（4）掌握经纬仪的对中、整平、瞄准和读数方法。

4.3 方法与步骤

（1）认识仪器
将仪器固连在三脚架上，由指导教师讲解，学生亲自动手熟悉经纬仪各部件名称、作用及使用方法。
（2）经纬仪的安置
1）垂球对中、整平。打开脚架，调整好高度，挂上垂球，安置在地面标志点上，使架头大致水平，移动脚架使垂球尖与地面标志点大致对准，踩实三脚架。然后用中心螺旋连接经纬仪，最后移动基座使垂球尖与地面标志点严格对准拧紧中心螺旋。转动脚螺旋使照准部水准管气泡居中。垂球对中误差不应超过 ±3mm。
2）光学对中、整平。安置仪器，大致对中，转动光学对中器目镜调焦螺旋，使对中器清晰，推拉对中器管，使地面标志点清晰。移动脚架使分划板中心与地面标志点接近，转动脚螺旋使其重合，再伸缩三角架架腿，使圆水准器气泡居中。转动脚螺旋使照准部水准管气泡居中，检查地面标志是否在分化板中心，偏移量不大时，在架头上移动基座对中。对中、整平反复交替进行，光学对中误差范围为 ±1mm。
3）瞄准、置数和读数。对望远镜目镜、物镜进行调焦，利用照准部水平、竖直制动微动螺旋,即可精确瞄准目标。利用复测扳手或度盘变换手轮,变换度盘读数为所需读数,并练习度盘读数。

课题5 水平角的观测方法

5.1 水平角的观测

水平角的观测方法通常采用测回法。测回法适用于观测方向不多于3个时,以盘左和盘右分别观测各方向之间的水平角称为测回法。如图3-10所示,要观测的水平角为∠ABC,具体观测方法如下:

(1) 首先在测站点 B 上安置经纬仪,对中、整平。

(2) 用盘左位置照准左边的目标 A,并将水平度盘置数,所置的度盘读数略大于零,读取读数 $a_左$,记入手簿表3-1中。

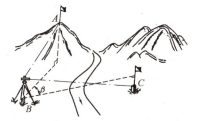

图3-10 水平角观测

水平角观测手簿　　　　　　　　　　表3-1

测站	盘位	目标	读 数 °	′	″	半测回角值 °	′	″	一测回角值 °	′	″	各测回平均角值 °	′	″	备注
B（第一测回）	左	A	0	03	18	97	16	18	97	16	15	97	16	12	
		C	97	19	36										
	右	C	277	19	36	97	16	12							
		A	180	03	24										
B（第二测回）	左	A	90	02	06	97	16	06	97	16	09				
		C	187	18	12										
	右	C	7	18	24	97	16	12							
		A	270	02	12										

(3) 顺时针方向转动照准部照准左边的目标 C,读取读数 $c_左$,记入手簿,计算上半测回的角值

$$\beta_左 = c_左 - a_左 \qquad (3-1)$$

(4) 纵转望远镜,旋转照准部成盘右位置,照准右边目标 C,读取读数 $c_右$,记入手簿。

(5) 逆时针方向转动照准部,照准左边目标 A,读取读数 $a_右$,记入手簿。计算下半测回的角值

$$\beta_右 = c_右 - a_右 \qquad (3-2)$$

对于 DJ_6 光学经纬仪,上、下半测回所测的水平角其角值差不超过 ±36″时,取其平

41

均值作为一测回的观测结果。

即
$$\beta = \frac{1}{2}(\beta_左 + \beta_右) \tag{3-3}$$

否则应重测。

在实际观测中,当测角精度较高时,对一个角值往往按规定要观测多个测回,每测回都要变一下盘左起始方向的水平度盘读数,每测回变动读数的大小可按 $\frac{180°}{n}$ 式计算,(n 为测回数)。各测回之间所测的同一角值之差应不超过 $\pm 24''$,否则应重测。

5.2 水平角的测设

测设已知水平角值是根据地面上的一个已知方向,按设计的水平角值用经纬仪在地面上标定出角度的另一个方向。其测设方法如下:

(1) 一般方法

如图 3-11 所示,OA 为一个已知方向,要在 O 点测设角值 β。其方法是在 O 点安置经纬仪,以盘左照准 A 点,使水平度盘读数为零。然后右转照准部,当水平度盘读数为 β 时在视线方向上定出 B' 点。再以盘右同样的定出 B'' 点,取 B'、B'' 两点的中点 B,即得水平角 β。

(2) 精确方法

当测设精度要求较高时,可先按一般方法定出 B_1 点。如图 3-12 所示,再用测回法观测 β 角若干测回,取个测回的平均角值 β_1。当 β_1 与 β 不等时,其差值 $\Delta\beta = \beta_1 - \beta$ 超过限差时,则需要改正 B_1 的位置。改正时,由角值差 β 和边长 OB_1 计算出垂直距离:

$$B_1B = OB_1 \times \tan\Delta\beta = OB_1 \times \Delta\beta/\rho'' \tag{3-4}$$

式中 $\rho'' = 206265''$

过 B_1 点作 OB_1 的垂线,再从 B_1 点沿垂线方向向左或向右量取 B_1B 定出 B 点,则可得放样角 β 角。

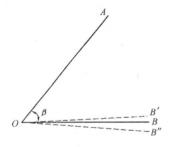

图 3-11 水平角测设的一般方法

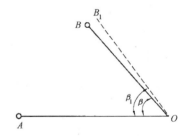

图 3-12 水平角测设的精确方法

例题:若 $\Delta\beta = +50''$,$OB_1 = 60.000\text{m}$

则 $B_1B = 60 \times (+50) \div 206265$

$= +0.014\text{m}$

过 B_1 点作 OB_1 的垂线,再从 B_1 点沿垂线方向向右量取 0.014m,定出 B 点,则

∠AOB 即为设计的 β 角。

课题 6　竖直角的观测方法

确定地面点的高程位置除了采用水准测量之外还可采用三角高程测量的方法。

三角高程测量即按控制点间的竖直角和边长来计算控制点间的高差,从而推算控制点的高程。因此,在地面高差较大的地区,采用三角高程测量的方法求地面点的高程时,在控制点上除了进行水平角的观测之外,还要进行竖直角的观测以及量取仪器的高度、觇标高度以达到推算高程的目的。

6.1　竖直度盘的构造

(1) 竖直度盘的构造

如图 3-13 所示,为光学经纬仪竖直度盘构造的示意图。由竖直角测量原理可知,要求安装在横轴（水平轴）一端的竖直度盘与横轴相垂直,且两者的中心重合。度盘分划按 0°~360°进行注记,其形式有顺时针方向（图 3-14a）与逆时针方向（图 3-14b）注记两种,指标为可动式。其构造特点是:

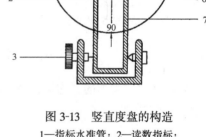

图 3-13　竖直度盘的构造
1—指标水准管；2—读数指标；
3—指标水准管微动螺旋；4—竖直度盘；
5—望远镜；6—水平轴；7—框架

1) 竖直度盘、望远镜固定在一起,当望远镜绕横轴（水平轴）上下转动时,竖直度盘随着转动,而指标不一起转动。

2) 指标、指标水准管、指标水准管微动框架三者连成一体,而且指标的方向与指标水准管轴垂直。当转动指标水准管微动螺旋时,通过其框架使指标及其水准管作微量运动,当气泡居中时,水准管轴水平而指标就处于正确位置（即铅垂）。

3) 当望远镜视线水平,且指标水准管气泡居中时,指标在竖直度盘上的读数应为 90°或 90°的倍数。

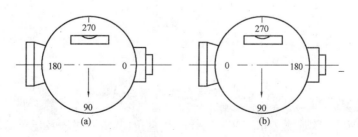

图 3-14　竖直度盘注记（a 为顺时针, b 为逆时针）

(2) 竖直角的计算公式

由于竖直度盘的注记形式有顺时针和逆时针两种。它们计算竖直角的公式有所不同，在观测之前，应确定出竖直度盘的注记形式，以便写出其计算公式。确定方法如下：

1）顺时针注记形式。盘左位置，逐渐抬高望远镜的物镜，若竖直度盘读数随之减少，则为顺时针注记。盘左时视线水平，竖直度盘读数为90°，当抬高物镜照准目标时，竖直度盘读数为 L，如图 3-15（a），则竖直角计算公式为

$$\alpha_{左} = 90° - L \tag{3-5}$$

盘右时视线水平，竖直度盘读数为270°，当抬高物镜，瞄准同一目标时，竖直度盘读数为 R，如图 3-15（b），则竖直角计算公式为

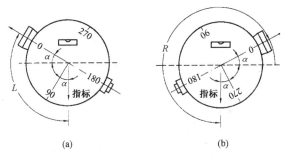

(a)   (b)

图 3-15　全圆逆时针注记竖直度盘

$$\alpha_{右} = R - 270° \tag{3-6}$$

2）逆时针注记形式。盘左位置，逐渐抬高望远镜，若竖直度盘读数随之增大，则为逆时针注记。同样道理可确定出竖直角的计算公式为

$$\left.\begin{array}{l}\alpha_{左} = L - 90° \\ \alpha_{右} = 270° - R\end{array}\right\} \tag{3-7}$$

取盘左、盘右观测的平均值，即把式(3-5)和式(3-6)相加除以2，就可求得正确的竖直角值

$$\begin{aligned}\alpha &= \frac{1}{2}(\alpha_{左} + \alpha_{右}) \\ &= \frac{1}{2}(R - L - 180°)\end{aligned} \tag{3-8}$$

（3）竖直度盘的指标差

当视线水平时，盘左竖盘读数为90°，盘右为270°。但指标不恰好指在90°或270°，而与正确位置相差一个小角度 x，x 称为竖盘指标差。

$$\begin{aligned}x &= \frac{1}{2}(\alpha_{左} - \alpha_{右}) \\ &= \frac{1}{2}(360° - R - L)\end{aligned} \tag{3-9}$$

6.2　竖直角的观测与记录

如图 3-16 所示，欲观测 OM、ON 方向线的竖直角，其观测过程及记录、计算方法如下：

(1) 在测站点 O 上安置仪器，盘左照准目标点 M，使十字丝横丝精确地切于目标的顶端。

(2) 转动竖直度盘指标水准管微动螺旋，使指标水准管气泡居中，读取竖直度盘读数 L（81°18′42″），记入表 3-2 竖直角观测手簿中。

(3) 盘右，再照准 M 点，调平指标水准管气泡，读取竖直度盘读数 R（278°41′30″），记入手簿中。

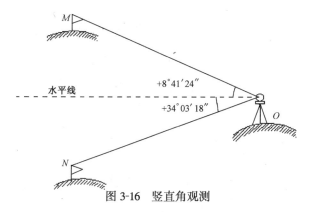

图 3-16 竖直角观测

竖直角观测手簿　　　　　　　　　　　　　　　表 3-2

测站	目标	竖盘位置	竖盘读数	半测回竖直角	指标差	一测回竖直角
1	2	3	4	5	6	7
O	M	左	81°18′42″	+ 8°41′18″	+ 6″	+ 8°41′24″
		右	278°41′30″	+ 8°41′30″		
	N	左	124°03′30″	− 34°03′30″	+ 12″	− 34°03′18″
		右	235°56′54″	− 34°03′06″		

(4) 由公式（3-5）和（3-6）计算出半测回的角值，记入手簿中。
(5) 由公式（3-9）和（3-8）计算出指标差及一测回竖直角值、记入手簿中。
在观测前需要量取仪器高及觇标高，以便推算观测点的高程。
同理，可观测出目标 N 的竖直角。
在竖直角观测的过程中，每次读数之前必须调平指标水准管气泡，使指标处于正确位置，才能读数。因此，操作费事，影响工效，有时甚至因遗忘这步操作而发生错误。为此，近年来有些经纬仪上采用了竖盘指标自动归零装置，观测时只要打开自动归零开关，就可读取竖直度盘读数。从而提高了竖直角测量的速度和精度。
此外，指标差 x 可用来检查观测质量。同一测站上观测不同目标时，指标差的变动范围，DJ_6 型经纬仪不超过 ± 25″，DJ_2 型经纬仪不超过 ± 15″。

课题 7　实训——水平角测量与测设

7.1　水平角的测量

(1) 首先在测站点 B 上安置经纬仪，对中、整平。
(2) 上半测回：用盘左位置照准左边的目标 A，并将水平度盘置数，所置的度盘读数略大于零。顺时针转动照准部，照准 C 目标读数。
(3) 下半测回：用盘右位置照准左边的目标 C，逆顺时针转动照准部，照准 A 目标读数。分别记入手簿表3-3中。

水平角观测手簿　　　　　　　　表3-3

测站	盘位	目标	读数			半测回角值			一测回角值			各测回平均角值			备注
			°	′	″	°	′	″	°	′	″	°	′	″	
B（第一测回）	左	A													
		C													
	右	A													
		C													
B（第二测回）	左	A													
		C													
	右	A													
		C													

7.2 水平角的测设

(1) 一般方法

安置经纬仪，以盘左照准起始点，使水平度盘读数为零。然后右转照准部，当水平度盘读数为 β 时在视线方向上定出 B' 点；再以盘右同样的方法定出 B'' 点（不用配度盘），取 B'、B'' 两点的中点 B，即得水平角 β。

(2) 精确方法

可先按一般方法定出放样点，再用测回法观测 β 角若干测回，取各测回的平均角值，与设计值之差 $\Delta\beta = \beta_1 - \beta$，利用公式（3-4）计算出

$$B_1B = OB_1 \times \tan\Delta\beta = OB_1 \times \Delta\beta/\rho'' \tag{3-10}$$

式中　$\rho'' = 206265''$

对点位进行改正则可得放样角 β。

思考题与习题

1. 什么是水平角？什么是竖直角？
2. 经纬仪测角时为什么要对中与整平？如何进行？
3. 图3-17所示。水平度盘与竖直度盘的读数各是多少？

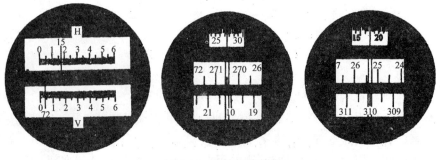

图3-17　经纬仪读数窗

4. 测量水平角时应照准目标的什么部位？为什么？测量竖直角时应照准目标的什么部位？为什么？

5. 水平角测量时，为什么每测回盘左位置的起始方向要安置水平度盘读数？采用复测扳钮装置的经纬仪如何安置？

6. 整理表 3-4 测回法观测水平角的记录手簿。

水平角记录手簿　　　　　　　表 3-4

测站	盘位	目标	水平度盘读数 ° ′ ″	半测回角值 ° ′ ″	一测回角值 ° ′ ″	各测回平均角值 ° ′ ″	备注
（第一测回） O	左	1	0　00　06　78　48　54				
	右	2	180　00　36　258　49　06				
（第二测回） O	左	1	90　00　12　168　49　06				
	右	2	270　00　30　348　49　12				

7. 整理表 3-5 竖直角观测手簿。

竖直角记录手簿　　　　　　　表 3-5

测站	目标	竖盘位置	竖盘读数 (° ′ ″)	半测回竖直角 (° ′ ″)	指标差 (° ′ ″)	一测回竖直角 (° ′ ″)	备　注
O	1	左	72　18　18				竖盘顺时针注记
		右	287　42　00				
	2	左	96　32　48				
		右	263　27　30				

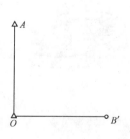
竖盘顺时针注记

8. 在地面上要求测设一个直角，先用一般方法测设出∠AOB，再测量该角若干测回，取平均值为∠AOB = 90°00′20″，如图 3-18 所示。又知 OB 的长度为 160m，问在垂直于 OB 的方向上 B 点应该向什么方向移动多少距离才能得到 90°的角？

图 3-18　已知角度测设

单元 4　距离测量与直线定向

知　识　点：直线的丈量与测设，直线定向。
教学目标：了解直线丈量的工具；掌握一般直线丈量与测设方法；熟悉钢尺检定与精密量距的方法；熟悉直线定向的概念与方法。

距离测量是测量工作的基本内容之一，测量工作中的距离是指两点间的水平距离。所谓水平距离是指地面上两点垂直投影到水平面上的直线距离，如图 4-1 所示。为了确定不同直线间的相对位置，还需要进行直线定向。根据所用测量仪器与工具的不同，距离测量分为：钢尺直接丈量、光学视距测量及光电测距仪测量等。本单元主要介绍钢尺直线丈量和测设方法及直线定向等内容。

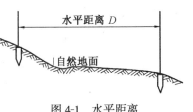

图 4-1　水平距离

课题 1　距离测量的工具

在地面起伏不大、所量距离不太长时，常用尺子直接丈量两点间的距离。从表面上看，用尺子进行丈量很简单，其实不然，无论从使用范围以及精度要求，它都是测量工作中最基本的环节，应给予足够的重视。

1.1　丈量的主要工具

(1) 钢尺

一般为带状薄钢片制成，卷放在圆形盒内或金属架上。如图 4-2（a）、（b）所示。宽约 15～20mm，长度不等。常用的有 20m、30m、50m 等几种。最小分划为毫米、米、分米、厘米注记。

由于零的点位不同，有端点尺和刻线尺的区分。端点尺是以尺的最外端点作为尺的零点，如图 4-3（a）所示，当从建设物墙边开始丈量时，较为方便。刻线尺是以尺身前端的一分划线作尺的零点，如图 4-3（b）所示。在丈量之前，必须注意查看尺的零点、分划及注记，以防出现差错。

由于钢尺抗拉强度高，使用时不易伸缩，故量距精度较高，多用于导线测

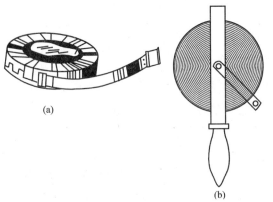

图 4-2　钢尺

量、工程测设等。

(2) 皮尺

多由麻布及细金属丝编织而成，亦成带状，卷放在圆盒内，一般长为20m、30m、50m等几种，如图4-4所示。最小分划为厘米，米、分米有注记，两面涂有防腐油漆。由于皮尺受潮易伸缩，受拉易长，尺长变化较大，所以常用于精度较低的量距中，如大比例尺地形测图、概略量距等。

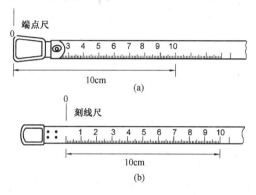

图4-3 钢尺零端的刻划

图4-4 皮尺

1.2 丈量的辅助工具

(1) 标杆

多由直径约3cm的木杆或铝合金制成，一般为2~4m，杆身涂有红白相间的20cm色段，下端装有铁脚，以便插在地面上或对准点位，用以标定直线点位或作为照准标志，如图4-5(a)所示。

(2) 测钎

用长30~40cm，直径3~6mm的钢筋制成，上部煨弯一个小圈，可套入环内，在小圈上系一醒目的红布条，下部尖形，6~8根组成一组，用以标定尺点的位置和便于统计所丈量的整尺段数，也可作为照准的标志，如图4-5(b)所示。

(3) 垂球

用钢或铁制成，上大下尖呈圆锥形，一般重为0.05~0.5kg不等。如图4-5(c)所示，

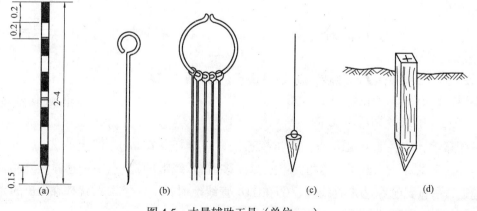

图4-5 丈量辅助工具（单位：m）

垂球大头用耐磨的细线吊起后，要求细线与垂球尖在一条垂线上。多用于在斜坡上丈量水平距离时对准尺点。

（4）木桩

用坚硬木料，根据需要制成不同规格的方形，如图4-5（d）所示，或圆形木棒，下部尖形，顶面平整，用以标定点位，一般直径为3～5cm，长约20～25cm。打入地面后，留有1～2cm余量，桩顶上画有十字，十字中点常钉小钉，以标示点的精确位置。

另外还应准备如铁钉、细直线、红铅笔、手锤、弹簧秤、温度计等工具。

课题2 距离丈量的一般方法

2.1 直线定线

当地面上两点间的距离超过尺子的全长时，丈量前必须在通过直线两端点面的竖直面内，定出若干中间点（节点），并竖立标杆或测钎标明直线的位置，以便分段丈量，这种工作称为直线定线。按量距精度要求不同，可用目估法定线和经纬仪定线两种。在平坦地区，一般直线丈量时，直线定线工作常与距离丈量同时进行，即边定线边丈量。

（1）目估法定线

在一般直线丈量时，可采用目估法完成。

1) 两点间目估定线。如图4-6所示，AB为直线的两个端点，欲测A、B两点之间的距离，必先在A、B之间设立①、②等点，其作法是：先在A、B两点竖立好标杆，观测员甲站在A点标杆后面，用单眼通过A标杆一侧瞄准B标杆同一侧形成视线。观测员乙拿着一根标杆到欲定节点①处，侧身立好标杆，根据甲的指挥左右移动，当甲观测到①点标杆在AB同一侧并与视线相切时，喊"好"，乙立即在①点做好标志，这时①点就是直线AB上的一点。同法可定出②点等位置。

图4-6 目估法定线

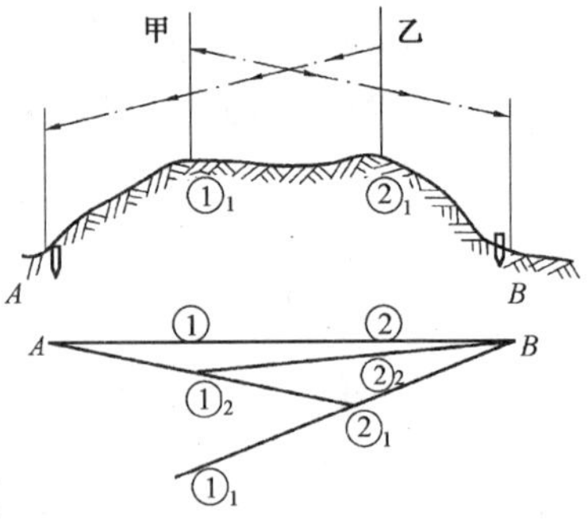

图4-7 过山头目估定线

2) 过山头目估定线。如果直线通过山丘，AB两端点互不通视，如图4-7所示。

首先，甲选择靠近AB方向的一点①₁立标杆，①₁应尽可能靠近A点并能看见B点。甲指挥乙把另一标杆立在B①₁线上的②₁点应造近B点，并能看见A点。然后，乙指挥甲把标杆移到②₁线上的①₂点……这样相互指挥、逐渐趋近，一直到①在②A直线上，②在①B直线上时，①、②两点就都在AB的直线上了。

(2) 经纬仪定线

当量距精度要求较高时,必须采用经纬仪定线。如图 4-8 所示,即在 A、B 之间定该直线的位置,把经纬仪安置在端点 A 上,对中、整平、精确地照准 B 点后制动照准部。

由 B 点按略小于一整尺的间距,依次定出 1,2,3……,n 点并打木桩,在桩顶上精确地定出直线位置,并划一垂线,其交点作出各尺段丈量的起、终点。

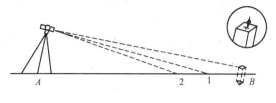

图 4-8 经纬仪定线

2.2 平坦地段距离丈量

当量距精度在 1/1000～1/3000 之间时,可用钢尺按以下方法进行。

当丈量地面上 A、B 两点间的水平距离时,先在 A、B 点上打入木桩,桩顶钉一小钉表示点位,清除直线上的障碍物,并在直线端点 A、B 的外侧各立一标杆,以标定直线的方向。

丈量工作一般由三人协同作业,一为后尺员,一为前尺员,另一人为记录员。后尺员拿钢尺的零端放在 A 处,前尺员持钢尺的末端,携带标杆和测钎沿丈量方向前进,行到一整尺处停下,侧身立好标杆,听从后尺员指挥,左右移动,直到标杆位于 AB 直线上为止。然后两人用均匀的力拉直钢尺,前尺员喊"预备",此时,两人同时用标准拉力沿 AB 直线拉紧钢尺(一般 30m 钢尺拉力为 100N,50m 钢尺拉力为 150N),并使之平稳,后尺员把钢尺的零点分划线对准 A 点时喊"好",这时前尺员用测钎对准钢尺的末端分划垂直地插入地下,定出点 1,即量得第一尺段。

接着,前、后尺员将尺举起前进,以相同的方法,量取其余整尺段,直到 B 点前不足一整尺的余尺段。前尺员喊"预备",用标准拉力拉紧钢尺,后尺员把零点分划对准最后一个测钎时喊"好",此时前尺员读取 B 点在钢尺上的读数。记录员记下整尺段数及 B 点读数。以上为往量,如图 4-9 所示。

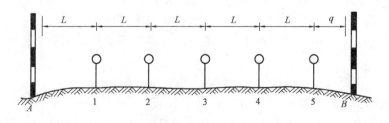

图 4-9 距离丈量

则 A、B 间的水平距离 D_{AB} 可按下式计算

$$D_{AB} = nL + q \tag{4-1}$$

式中　n——整尺段数;

L——钢尺长度；

q——不足一整尺的余长。

为了防止丈量错误和检核量距精度，一般要往、返各量一次。返量时要重新定线丈量，取往、返量距离的平均值作为量距结果。量距精度通常用相对误差 K 来衡量。为了便于比较，通常 K 的表示式化为分子为 1 的分数形式，分母数越大，说明精度越高。

$$K = \frac{|D_{往} - D_{返}|}{D_{平均}} = \frac{1}{\frac{D_{平均}}{|D_{往} - D_{返}|}} \tag{4-2}$$

且

$$D_{平均} = \frac{1}{2}|D_{往} - D_{返}|$$

在平坦地区，钢尺量距的相对误差一般应不低于 $\frac{1}{3000}$，在量距困难地区，其相对误差也应不低于 $\frac{1}{1000}$。适用于工程要求的量距精度见有关规范。量距记录手簿见表 4-1。在丈量时，也可采用单程双对用两把钢尺同时丈量。

距离测量记录手簿　　　　　　　　　　表 4-1

工程名称：×-×		日期：×年×月×日		量距：×××；×××
钢尺型号：5号（30m）		天气：晴		记录：×××

测　线		整尺段	零尺段	总　计	较　差	精　度	平均值	备　注
AB	往	6×30	6.430	186.430	0.040	$\frac{1}{4700}$	186.410	单位为米
	返	6×30	6.390	186.390				

2.3　倾斜地段距离丈量

（1）两点间高差不大时

当两点间高差不大时，可抬高钢尺的一端，使尺身水平进行丈量，如图 4-10 所示。欲丈量 AB 的水平距离，先将钢尺零点分划对准 A 点，拉平钢尺，然后用垂球将钢尺上某分划线投到地面 1 点，此时在尺上读数，即得 A-1 的水平距离，同法丈量 1-2，2-3……4-B 尺段。在丈量 4-B 时应注意使垂球尖对准 B 点。各尺段丈量结果的总和就是欲测的 AB 水平距离。

在丈量时，仍要注意拉直钢尺，并使各点位于 AB 直线上。

（2）两点间高差较大时

当两点间高差较大时，如图 4-11 所示，前尺员无法将钢尺尺身水平，可直接丈量 A、B 间的斜距 L，测出地面的倾斜角 α，或 A、B 两点的高差 h，按下式计算出 AB 的水平距离。

$$D_{AB} = L \times \cos\alpha \tag{4-3}$$

或

$$D_{AB} = \sqrt{L^2 - h^2} \tag{4-4}$$

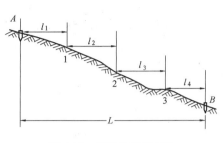
图 4-10 倾斜地段平量法

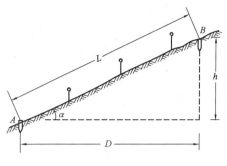
图 4-11 倾斜地段斜量法

课题 3　精密距离测量的方法

一般直线丈量的方法，其量距精度不超过 1/5000，当量距精度要求达 1/10000 ~ 1/40000 时，应采用精密直线丈量的方法。精密直线丈量应选用膨胀系数小，经过检定过的钢尺。

3.1　钢 尺 检 定

由于钢尺的长度，在制造时不可避免地存在着分划误差，在使用期间，随着温度及拉力的变化而改变，致使钢尺的名义长度（即尺上注明的长度）不等于该尺的实际长度。若使用这样的钢尺丈量距离，其结果一定会有由于尺长不准确而引起的误差。在精度要求较高的量距时，必须对所使用的钢尺进行检验，以求得该尺在一定拉力，温度条件下的实际长度，此项工作称为钢尺检定。

(1) 尺长方程式

为了满足量距的精度，保证工程质量，测量规范规定每年应对钢尺进行检定，求出它在标准拉力（30m100N，50m150N）和标准温度（20℃）下的实际长度，以便对丈量结果加以改正。钢尺检定后，给出尺长随温度而变化的函数式，通常称为尺长方程式，其一般形式为

$$L_t = L_0 + \Delta L + \alpha L_0 (t - t_0) \tag{4-5}$$

或

$$L_t = L_0 + \Delta L + \alpha L_0 (t - 20℃) \tag{4-6}$$

式中　L_t——钢尺在温度 t℃时的长度；

L_0——钢尺名义长度；

ΔL——钢尺在温度 t_0 时的改正数，等于实际长度与名义长度之差；

α——钢尺的线膨胀系数即温度每变化 1℃，单位长度的变化值，（一般取 1.25×10^{-5}/1℃）；

t_0——钢尺检定时的温度或标准温度 20℃；

t——钢尺量距时的温度。

【例 4-1】某标准尺 A 名义长度为 30m，标准拉力下，当温度 t_0 为 +20℃时，其尺长改正数为 -0.002m，又知该尺的膨胀系数为 $1.25×10^{-5}$，则该尺的尺长方程式为

$$L_t = 30m - 0.002m + 1.25×10^{-5}×(t-20℃)×30m$$

(2) 钢尺检定方法

钢尺检定应送设有比尺台的测绘单位或计量单位检定。将被检钢尺与标准尺并铺在尺台上，对齐两尺末端刻划并固定之。用弹簧秤加标准拉力拉紧两尺，在零刻划处读出两尺长度之差数，从而求出被检尺的实际长度和尺长方程式。

钢尺检定应由具有计量资质的专业部门进行。

3.2 精密距离测量

(1) 定线

如图 4-12 所示，直线 AB 为待精密丈量的水平距离，清除直线上的障碍物后，即可用经纬仪进行定线。即定线时在 A 点安置经纬仪，瞄准 B 点上的标志，随即在经纬仪视线上用钢尺概量出略短于每一整尺长的位置 1，2……，各点位均用木桩标定，桩顶要高出地面 3~5cm，并在桩顶钉一镀锌薄钢板，在镀锌薄钢板上划一条与视线 AB 相重合的短线，再划一条与该短线相垂直的线，形成十字，以十字中心为丈量标志。

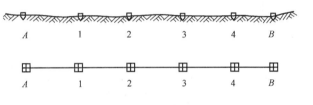

图 4-12 精密距离测量

(2) 量距

量距时一般由五人组成，两人拉尺，两人读数，一人记录、测温度兼指挥。具体操作步骤如下：

1) 先量 A、1 两桩间的距离，后尺员将弹簧秤挂在尺的零端。前尺员持尺的末端，并使尺的同一侧贴近两端桩顶的标志。

2) 前、后尺员同时用力拉尺，拉力采用标准拉力（一般 30m 钢尺加拉力 100N，50m 钢尺加拉力 150N）。前尺员以尺上某一分划对准十字线交点时发出读数口令"预备"，后尺员看弹簧秤在刻划 100N 时回答"好"。在喊好的同一瞬间，两端的读尺员同时根据钢尺与十字交点相切的分划值，先读毫米，估读到 0.5mm，然后再读厘米、分米、米读数。

3) 每一尺段按上述方法丈量三次，每次均应移动钢尺的位置，三次所得距离之差不得大于 ±3mm，否则要重量。如在限差之内，则取三次结果的平均值，作为此尺段的丈量结果。每量一尺段都要读记温度一次。

4) 用同样方法丈量其他尺段，直至终点。由起点丈量到终点称往测，往测完成后，应调转尺的方向，立即进行返测。

以上读数，记录员立即复诵并将读数记入手薄（表 4-2）。两端读数相减，即为该尺段的长度。（此表为往测数据）

(3) 测量桩顶间高差

上述所丈量的距离是桩顶间的倾斜距离，为了改算为水平距离，要用水准测量的方法，往返观测相邻两尺段桩顶的高差。30m 尺段高差往返测的较差不应超过 3mm，50m 的尺段不应超过 4mm，在限差内，取平均值作为最后成果。

3.3 成果整理

（1）三项改正数计算公式

每尺段的实测距离，要加入尺长改正数、温度改正数和倾斜改正数，求出该段改正后的水平距离。

精密量距记录计算手簿　　　　　　　　　　　　　　　　表 4-2

钢尺号码：No.8　　　　　　　尺长方程式：$L_t = 30 + 0.003 + 1.25 \times 10^{-5} \times 30 (t - 20℃)$
读数者：×××；×××　　　　记录计算者：×××
　　　　　　　　　　　　　　日期：×年×月×日

尺段编号	实测次数	前尺读数(m)	后尺读数(m)	尺段长度(m)	温度(℃)	高差(m)	温度改正数(mm)	尺长改正数(mm)	倾斜改正数(mm)	改正后尺段长(m)
A-1	1	29.930	0.076	29.854	24.0	+0.372	+1.5	+3.0	-2.3	29.8572
	2	29.920	0.065	29.855						
	3	29.940	0.084	29.856						
	平均			29.855						
1-2	1	29.920	0.015	29.905	26.5	+0.174	+2.4	+3.0	-0.5	29.9106
	2	29.930	0.025	29.905						
	3	29.940	0.033	29.907						
	平均			29.9057						
⋮				...	...	...	...	...	...	...
4-B	1	18.975	0.0750	18.9000	26.0	-0.095	+1.4	+1.9	-2.0	18.9026
	2	18.954	0.0545	18.8995						
	3	18.980	0.0810	18.8990						
	平均			18.8995						
总和										278.3886

1）尺长改正数

$$\Delta L_d = \frac{L' - L_0}{L_0} L = \frac{\Delta L}{L_0} L \tag{4-7}$$

式中　L——测量的距离（三次尺段长度的平均距离）；

　　　L'——钢尺实际长度；

　　　L_0——钢尺名义长度；

ΔL_d——尺长的改正数。

钢尺实际长度大于名义长度时,尺长的改正数为正;反之为负。

2) 温度的改正数

$$\Delta L_t = \alpha (t - t_0) L \tag{4-8}$$

式中　L——测量的距离(三次尺段长度的平均距离);

　　　α——钢尺的线膨胀系数(一般取 $1.25 \times 10^{-5}/℃$);

　　　t——量距时的温度;

　　　t_0——钢尺检定时的温度(一般取 20℃)。

3) 倾斜改正数。沿桩顶丈量出 L 为斜距,用水准仪测得桩顶间高差为 h,如图 4-13 可知

$$\Delta L_h = D - L = (L^2 - h^2)^{\frac{1}{2}} - L = L\left[\left(1 - \frac{h^2}{L^2}\right)^{\frac{1}{2}} - 1\right]$$

按级数展开

$$\Delta L_h = L\left[\left(1 - \frac{h^2}{2L^2} - \frac{1}{8}\frac{h^4}{L^4}\right) - 1\right] = -\frac{h^2}{2L} - \frac{1}{8}\frac{h^4}{L^3}\cdots\cdots$$

当高差不大时,取第一项

$$\Delta L_h = -\frac{h^2}{2L} \tag{4-9}$$

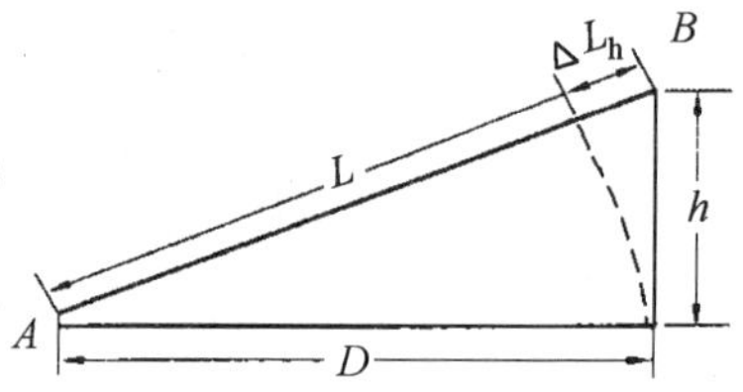

式中　h——一尺段两端点的高差;

　　　L——测量的距离(三次尺段长度的平均距离);

　　　ΔL_h——倾斜改正数。

倾斜改正数永为负值。

图 4-13　倾斜改正

考虑上述三项改正,若实际量得的距离为 L,经过改正后的水平距离为 D,则

$$D = L + \Delta L_d + \Delta L_t + \Delta L_h \tag{4-10}$$

【例 4-2】用 No.8 钢尺丈量 A—1 尺段长度,该尺名义长度 $L_0 = 30m$,实际长度 $L' = 30.003m$,检定时的温度 $t_0 = 20℃$,丈量结果见表 4-2。$L = 29.855m$,丈量时温度 $t = 24.0℃$,高差 $h = 0.372m$,求该尺段的水平距离 D_{A-1}。

【解】计算尺长改正数

$$\Delta L_d = \frac{30.003 - 30}{30} \times 29.855 = +0.003m$$

计算温度改正数 ΔL_t,由式(4-8)得

$$\Delta L_t = 1.25 \times 10^{-5} \times (24.0 - 20) \times 29.855 = +0.0015m$$

计算倾斜改正数 ΔL_h,由式(4-9)得

$$\Delta L_h = -\frac{0.372^2}{2 \times 29.855} = -0.0023m$$

代入式(4-6)得

$$D_{A-1} = 29.855 + 0.003 + 0.0015 - 0.0023 = 29.8572m$$

同法可计算其他各尺段。

(2) 全长的计算

将改正后的各尺段距离相加，便得往测的 AB 距离，同样算出返测的距离，最后算出往、返测的平均水平距离及相对误差。如果相对误差在限差之内，则取其平均值作为最后观测成果。若相对误差超限，应重新丈量或检查计算过程是否有误。

3.4 钢尺丈量的注意事项

(1) 丈量前，应将钢尺交有关部门进行检定。

(2) 丈量时，定线要直，尺子要平，拉力要匀，投点要稳，对点要准。

(3) 注意零点位置，防止"6"与"9"误读，"10"与"4"听错。计算时，不要丢掉整尺段数。

(4) 爱护钢尺。钢尺性脆易折，丈量时，不许在地上拖拉，不许行人践踏，不许车辆碾压，不许打卷硬拉。钢尺易锈，用后应擦净泥沙，涂上机油存放。

(5) 不准用垂球尖凿地，敲打山石，不准把标杆当标枪、测钎当飞镖投掷。

(6) 收工时，要点清所有工具，以防丢失。

课题 4　距 离 测 设

距离测设是从一个已知点开始，沿给定的方向量出设计的距离，在地面上定出直线另一端点的位置。其测设方法有：

4.1 一般方法

如图 4-14 所示，设 A 为地面上已知点，D 为设计的水平距离，要在地面上 AB 方向测设出水平距离 D，以定出 B 点。具体方法是将钢尺的零点对准 A 点，沿 AB 方向拉平、拉紧钢尺，在尺上读数为 D 处插一测钎或吊垂球，以定出 B 点；为了检核，应往返丈量该段的距离，往返丈量结果的相对误差应在允许范围（1/3000 ~ 1/2000）之内，则取其平均值 D′ 与设计值 D 比较得 ΔD = D′ - D，由 ΔD 对所定点进行改正，求得 B 点的位置。

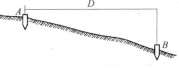

图 4-14　一般水平距离测设

4.2 精 确 方 法

当测设精度要求较高时，则应对所测设的距离进行尺长、温度及倾斜改正求得应测设距离，然后进行测设。距离测设时三项改正数的符号与量距时相反，故测设长度为

$$D' = D - \Delta L_d - \Delta L_t - \Delta L_h \tag{4-11}$$

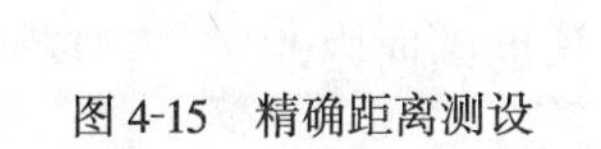

当测设距离大于一整尺时，常用下列方法测设。如图 4-15 所示，先由设计水平距离 D，按一般测设方法概略定出 B′ 点，然后按精密量距方法丈量 AB′ 的距离，并加尺长、温度及倾斜改正。设求出 AB′ 的水平距离为 D′，若 D′

图 4-15　精确距离测设

与 D 不相等，则按下式计算改正数 ΔD，并进行改正，以确定出 B 点的位置。

$$\Delta D = D' - D \tag{4-12}$$

改正时，沿 AB 方向以 B' 为准：当 ΔD 小于零时，向外改正；反之，则向内改正。

课题5　实训——距离测量与测设

5.1　目的与要求

(1) 掌握钢尺量距的一般方法。
(2) 掌握距离测设的一般方法。

5.2　仪器、工具及组织

(1) 场地布置。选择70m左右平坦场地。
(2) 30m（50m）钢尺一把，标杆三根，测钎四个，垂球一个，铁锤一把，记录板一个，木桩五个，小铁钉若干个。
(3) 人员组织。每组4~5人。

5.3　方法与步骤

(1) 距离测量

1) 在所测量线段两端 A、B 两点上打下木桩，木桩上钉上小钉作为起始点，并各树立一标杆。

2) 后尺手执尺零端将0刻划线对准 A 点，前尺手沿 AB 方向前进，到一尺段处停下，由后尺手定向，左右移动，拉紧钢尺在整尺注记插下测钎，该段量距完毕。如此丈量完其他整尺和零尺段距离，同法由 B 到 A 量距，得到 $D_{往}$、$D_{返}$ 丈量结果，计算其平均值 $D = (D_{往} + D_{返})/2$ 及相对误差 K。距离测量记录手簿见表4-3。

距离测量记录手簿　　　　　　　　　　　　　表4-3

| 工程名称： | | 日期：　年　月　日 | | 量距： | | | |
| 钢尺型号： | | 天气： | | 记录： | | | |
测　线		整尺段	零尺段	总计	较差	精度	平均值	备注
AB	往							单位为米
	返							

(2) 距离测设

1) 在所需测设线段 AB 方向上树立花杆，后尺手执尺零端将0刻划线对准 A 点，前尺手沿 AB 方向前进，到一尺段处停下，由后尺手定向，左右移动，拉紧钢尺在整尺注记插下测钎，如此丈量完其他整尺和零尺段距离到所需测设的距离，标定出 B' 点。

2) 对测设 AB' 长度进行往返丈量，丈量结果如大于放样长度则向内改正，相反则向外改正差值。距离测设记录手簿见表4-4。

距离测设记录手簿　　　　　　　　　　　　　　　表 4-4

工程名称：		日期： 年 月 日			量距：
钢尺型号：		天气：			记录：
测　线		测设水平距离	检测水平距离	较　差	精　度	备　注
AB	1					单位为米
	2					

5.4 注意事项

（1）爱护钢尺，用毕擦净涂油。
（2）测钎插直，若地面坚硬，可在地面上划标记，记清楚整尺段数。

课题 6　直线定向

测量工作中，一条直线的方向是根据某一标准方向来确定的。确定一条直线与标准方向之间的水平夹角，称为直线定向。测量上作为定向依据的标准方向线有三种：真子午线、磁子午线、坐标纵轴线，三者的关系如图 4-16 所示。其中 δ 为磁偏角，ν 为子午线收敛角。

6.1 标准方向线

（1）真子午线方向
过地面上一点的子午面、与地球表面的交线，称为该点的真子午线方向。真子午线方向可用天文观测和陀螺经纬仪来测定。

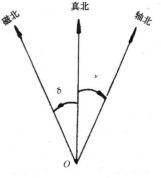

图 4-16　标准方向间的关系

（2）磁子午线方向
磁针在某点上自由静止时所指的方向线，就是该点的磁子午线方向。磁子午线方向可用罗盘仪测定。
（3）坐标纵轴线方向
通过地面上某点平行于高斯投影平面直角坐标系 X 坐标轴的方向线，称为该点的坐标纵轴线方向。

6.2 直线定向的方法

地面上直线定向的方法，通常采用方位角或象限角来表示。
（1）方位角
以过直线一端点的标准方向的北端顺时针旋转到该直线的水平夹角，称为该直线的方位角，角值由 0°～360°，如图 4-17 所示。
由真子午线北端（简称真北）起算的方位角称真方位角，用 A 表示。

由磁子午线北端（简称磁北）起算的方位角称磁方位角，由 A_m 表示。

由平行于坐标纵轴的北端（简称轴北）起算的方位角称坐标方位角，用 α 表示。

根据真北、磁北、轴北三者方向的关系（图 4-16），方位角有以下的几种换算

$$A = A_m \pm \delta \text{（} \delta \text{东偏为正，西偏为负）} \tag{4-13}$$

$$A = \alpha \pm \delta \text{（以东为正，以西为负）} \tag{4-14}$$

利用上述两式解，得

$$\alpha = A_m \pm \delta \pm \nu \tag{4-15}$$

如图 4-18 所示，A 为直线起点，B 为终点，则直线 AB 的坐标方位角为 α_{AB}，直线 BA 的坐标方位角 α_{BA}，又称为直线 AB 的反坐标方位角。在同一坐标系中，各点的坐标纵线是互相平行的，所以

$$\alpha_{BA} = \alpha_{AB} \pm 180° \tag{4-16}$$

在一般测量工作中均采用坐标方位角进行定向。

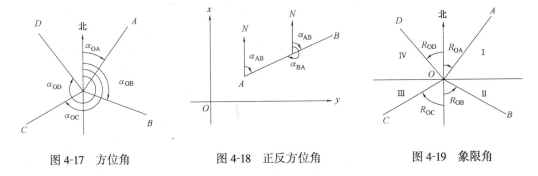

图 4-17 方位角　　图 4-18 正反方位角　　图 4-19 象限角

(2) 象限角

一直线与坐标纵轴线的南、北方向所夹的锐角，称为象限角，常用 R 表示。其角值为 $0° \sim 90°$，如图 4-19 所示。

(3) 坐标方位角和象限角的换算（表 4-5）

坐标方位角与象限角的换算关系表　　表 4-5

直线方向	由坐标方位角推算象限角	由象限角推算坐标方位角
北东，第Ⅰ象限	$R = \alpha$	$\alpha = R$
南东，第Ⅱ象限	$R = 180° - \alpha$	$\alpha = 180° - R$
南西，第Ⅲ象限	$R = \alpha - 180°$	$\alpha = 180° + R$
北西，第Ⅳ象限	$R = 360 - \alpha$	$\alpha = 360° - R$

思考题与习题

1. 什么是水平距离？如何量取水平距离？
2. 何谓钢尺的名义长度或实际长度、钢尺检定的目的是什么？
3. 什么是直线定线？丈量时为什么要进行直线定线？如何进行直线定线？

4. 简述直线丈量的一般方法和精密方法。

5. 如何衡量距离丈量的精度？用钢尺往返丈量了一段距离，其平均值184.26m，要求量距的相对误差达1/15 000，问往返丈量距离之差不能超过多少？

6. 某钢尺名义长30m，在+5℃时加标准拉力丈量的实长为29.992m，问此时该钢尺的尺长方程式如何表达？在标准温度+20℃时其尺长方程式又如何表达？（设其膨胀系数为$\alpha = 0.0000125$）

7. 表4-6为cd尺段丈量记录及计算表，判断计算有无错误？如有请将错误数字划去，在其上方写上正确数字。

精密量距记录计算手簿　　　　　　　　　　　　　　　　　　表4-6

尺段	测量次数	前尺读数(m)	后尺读数(m)	尺段长度(m)	高差(m)	温度(℃)	尺长改正(mm)	温度改正(mm)	倾斜改正(mm)	改正后尺段长(m)
cd	1	29.9300	0.1045	29.8255	+0.245	+9.4	-6.94	-4.52	+1.01	29.827
	5	29.8500	0.0260	29.8240						
	3	29.8900	0.0640	29.8260						
	平均			29.8252						

注：该钢尺标准温度为20℃，丈量时施加拉力为100N，尺的线膨胀系数为0.0 000 125，尺的名义长度为30m，尺长改正数为+0.007m。

8. 为什么要进行直线定向、怎样确定直线的方向？

9. 何谓真方位角、磁方位角、坐标方位角及坐标象限角？

10. 设已测得各直线的坐标方位角分别为：37°25′，173°37′，226°18′和334°48′，试分别求出它们的象限角和反坐标方位角。

单元 5　误差测量的基本知识

知 识 点：误差的基本知识；常用测量仪器的误差与处理措施。
教学目标：了解误差的基本知识；熟悉普通测量中误差的产生与处理措施；熟悉常用测量仪器的误差与处理措施。

在测量中对一段距离、一个角度或两点间的高差在相同条件下进行多次重复观测，尽管采用了合理的观测方法和合格的仪器设备，即使观测者的工作态度是认真负责的，每次所得结果总是有各不相同，但只要不出现错误，每次观测的结果是非常接近的，它们的值与所观测的量的真值或应有值相差无几。就把观测值与真值或应有值之差称为误差。

课题 1　误差的基本知识

1.1　误差的来源

误差产生的原因是多种多样的，归纳起来可分为以下三个方面：
(1) 仪器工具的影响
测量仪器在制造时要求十分严格，但无论怎样它不会是十全十美，精度不可能无限制地提高，总有一定的缺陷。在使用仪器之前也进行仔细的检验与校正，但仍有一些残余误差存在，这一切都会给测量成果带来一定的影响。
(2) 人的因素
人的感觉器官有一定的限度，特别是人的眼睛有局限的分辨能力，在仪器的安置、对中、整平、照准、读数等方面都会给测量成果带来误差。另一方面在观测过程中操作的熟练程度、习惯都有可能对测量成果带来误差。
(3) 外界条件的影响
各种观测都在一定的自然环境下进行，外界条件，如阳光、温度、风力、气压、湿度等都是随时变化的，这些因素都会影响测量的结果，带来一定的误差。
上述三方面的因素通称为观测条件。观测条件的好坏决定了观测质量的高低，相同的观测条件其观测精度也相同。在工程测量中大多采用等条件（等精度）观测。

1.2　误差的分类

测量误差按其特性可分为系统误差和偶然误差两大类。
(1) 系统误差
在相同的条件下，作一系列观测，其误差常保持同一数值、同一符号，或者随观测条件的不同，其误差按照一定的规律变化，这种误差称为系统误差。例如有一根长度（名义长度）为 50m 的钢尺，实际长度为 49.995 5m，用这根钢尺每量取一整尺就会比实际距离多出 4.5mm，所丈量的距离越长，比实际长度多出的限值就越多。另外用钢尺量距时气温的升降会使尺子相应地伸缩，所量的长度就会比实际长度偏小或偏大。再如水准仪的水准管轴不平行视准轴，进行水准测量时若水准尺距仪器的距离越大，其识别码也会越大。所以系统误差有积累的特性，符号与数值大小有一定的规律。系统误差的产生主要由于仪器工具本身的误差和外界条件变化所引起。另一方面观测者的习惯也能带来系统误差。这种误差通常是难以发现的。对于系统误差可采用两种办法加以消除或抵消。第一种方法是通过计算改正加以消除，如在用钢尺量距时进行尺长、温度和倾斜的改正。第二种方法是在观测时采取适当措施加以抵消，如经纬仪观测时用正倒镜取平均值可以抵消视准轴不垂直于横轴和横轴不能垂直于竖轴的误差，在水准测量中前后视距相等可以抵消水准轴管不完全平行于视准轴的误差，同时也可以抵消地球曲率和大气折光的影响。另一方面尽量提高观测者的技能与熟练程度，最大限度地减少人为的影响。

尽管系统误差对测量成果影响很大，但通过计算或在观测时采取适当措施可以消除或抵消，所以系统误差不是本单元讨论的重点。

（2）偶然误差

在相同的观测条件下对某一量进行一系列观测，设真值为 X，观测值为 L_i，则每次观测的误差 Δ_i 为

$$\Delta_i = X - L_i \quad (i = 1, 2, \cdots n) \tag{5-1}$$

误差出现的符号、大小从表面看没有一定的规律，表现为偶然性。从单个误差来看它的符号与大小在观测之前是不可知的，但随着观测次数的不断增加，从大量误差总体来看则有一定的统计规律，这种误差称为偶然误差。

偶然误差产生的原因是多种多样的，且偶然误差与系统误差是同时发生的。如前所述，系统误差通过计算和在观测时采取相应措施加以消除或抵消，当然不可能完全为零，但却大大地减弱了，系统误差与偶然误差相对而言处在次要的地位，起主导作用的是偶然误差。

在大量实践中，通过研究分析、统计计算，可以得出偶然误差的四个特性：

1）在一定观测条件下，偶然误差的绝对值有一定的限度，或者说超出某一定限值的误差出现的概率为零；

2）绝对值较小的误差比绝对值较大的误差出现的概率大；

3）绝对值相等的正、负误差出现的概率几乎相同；

4）同一量的等精度观测，其偶然误差的算术平均值，随着观测次数 n 的无限增加而趋于零，即

$$\lim_{n \to \infty} \frac{[\Delta]}{n} = 0 \tag{5-2}$$

1.3 衡量精度的标准

测量的任务不仅是对同一量进行多次观测。求得它的最后结果，同时还必须对测量结果的质量即精度进行评定。衡量精度的标准通常有以下几种。

（1）中误差

在测量工作中，通常是以各个真误差的平方和的平均值再开方作为每一组观测值的精

度标准，称为中误差或均方根误差，即

$$m = \pm\sqrt{\frac{[\Delta\Delta]}{n}} \tag{5-3}$$

【例 5-1】 对某一三角形之内角用不同精度进行两组观测，每组分别观测十次，两组分别求得每次观测所得三角形内角和真误差为：

第一组：$+3''$，$-2''$，$-4''$，$+2''$，$0''$，$-4''$，$+3''$，$+2''$，$-3''$，$-1''$；

第二组：$0''$，$-1''$，$-7''$，$+2''$，$+1''$，$+1''$，$-8''$，$0''$，$+3''$，$-1''$。

两组观测值的中误差为：

$$m_1 = \pm\sqrt{\frac{3^2+2^2+4^2+2^2+0^2+4^2+3^2+2^2+3^2+1^2}{10}} = \pm 2.7''$$

$$m_2 = \pm\sqrt{\frac{0^2+1^2+7^2+2^2+1^2+1^2+8^2+0^2+3^2+1^2}{10}} = \pm 3.6''$$

显然，第一组中误差比第二组的数值要小，第一组的精度高于第二组。

在测量中，有时我们并不知道所观测量的真值，而只能用观测值求得它的算术平均值，然后再求每个观测值的改正数 v。如果观测次数为 n，改正数也有 n 个，用改正数求中误差的公式为

$$m = \pm\sqrt{\frac{[vv]}{n-1}} \tag{5-4}$$

关于这个公式的来源下节再讨论。中误差所代表的是某一组观测值的精度，而不是这一组观测中某一次的观测精度。

(2) 限差

偶然误差特性的第一条指出，在相同观测条件下，偶然误差的值不会超过一定的限度。为了保证测量成果的正确可靠，就必须对观测值的误差进行一定的限制，某一观测值的误差超过一定的限度，就认为是超限，其成果应舍去，这个限度就是限差，也称允许误差。

对大量的同精度观测进行分析研究以及统计计算可以得出如下的结论：在一组同精度观测的误差中，其误差的绝对值超过 1 倍中误差的机会为 32%；误差的绝对值超过 2 倍中误差的机会为 5%；误差的绝对值超过 3 倍中误差的机会仅为 0.3%。上述误差均指偶然误差而言。误差的绝对值超过 3 倍中误差的机会很小，所以在观测次数有限的情况下，可以认为大于三倍中误差的偶然误差实际上是不会出现的，所以一般情况下将三倍中误差认为是偶然误差的限差。即

$$\Delta_{限} = 3m \tag{5-5}$$

在实际中，为了提高精度，在有些规范中也规定偶然误差的限差为二倍中误差，即

$$\Delta_{限} = 2m \tag{5-6}$$

(3) 相对误差

在距离丈量中，只依据中误差并不能完全说明测量的精度，而必须引入相对误差的概念。相对误差是距离丈量的中误差与该段距离之比，且化成分子为 1 的形式，用 $1/M$ 表示。分母 M 值越大，则说明这段距离的丈量精度越高。

【例 5-2】 用钢尺丈量了两段距离，第一段长度为 120.324m，第二段为 180.738m，两

段距离的中误差相等 $m_1 = m_2 = m = \pm 20$mm，求它们的相对误差。

【解】相对误差用 K 表示

$$K_1 = \frac{20\text{mm}}{120.324\text{m}} = \frac{1}{6000}$$

$$K_2 = \frac{20\text{mm}}{180.738\text{m}} = \frac{1}{9000}$$

从结果可以看出，虽然中误差是一样的，但第二段距离较长，所以它的相对误差较小，精度就高①。

1.4 算术平均值及其中误差

（1）算术平均值

设相同条件下对一量进行观测，共 n 次，观测值为 L_1，L_2，$\cdots L_n$，所观测的真值为 X，每次观测值的真误差 Δ_1，Δ_2，$\cdots \Delta_n$，则有下列公式

$$\left.\begin{array}{l}\Delta_1 = X - L_1 \\ \Delta_2 = X - L_2 \\ \cdots\cdots \\ \Delta_n = X - L_n\end{array}\right\} \tag{5-7}$$

将上式两边相加再除以 n 则

$$\frac{[\Delta]}{n} = X - \frac{[L]}{n}$$

根据偶然误差第四个特性，则有

$$\lim_{n\to\infty}\frac{[\Delta]}{n} = 0$$

由此可知

$$X = \lim_{n\to\infty}\frac{[L]}{n}$$

但在实际工作中，观测次数都是有限的，不可能无限制地增加，所以就将算术平均值作为所观测量的最或是值（最可靠值），并用 x 表示即

$$x = \frac{[L]}{n} \tag{5-8}$$

（2）用观测值的改正数计算中误差

用算术平均值可以求得每次观测值的改正数（$i = 1, 2, \cdots n$）。

$$\left.\begin{array}{l}v_1 = x - L_1 \\ v_2 = x - L_2 \\ \cdots\cdots\cdots \\ v_n = x - L_n\end{array}\right\} \tag{5-9}$$

上式等号两边相加则

$$[\gamma] = nx - [L]$$

---

① 在求相对误差时，分母 M 顶多有两位有效数字，其余用"0"补齐。

将 $x = \frac{[L]}{n}$ 代入上式得

$$[v] = 0$$

由此可知,对任何一未知量进行一组等精度观测,改正数的总和应为零。

公式(5-7)是表示真误差的公式,在计算算术平均值中我们不知道真误差,只能求得改正数,将公式(5-9)与(5-7)相减再整理后得

$$\left.\begin{array}{l} \Delta_1 = v_1 + (X - x) \\ \Delta_2 = v_2 + (X - x) \\ \cdots\cdots\cdots\cdots\cdots\cdots \\ \Delta_n = v_n + (X - x) \end{array}\right\} \quad (5\text{-}10)$$

令 $\delta = (X - x)$

将上式两边同时平方相加再除以 n 得

$$\frac{[\Delta\Delta]}{n} = \frac{[vv]}{n} + \delta^2 + \frac{2}{n}[v]\delta$$

因为 $[v] = 0$,上式即为

$$\frac{[\Delta\Delta]}{n} = \frac{[vv]}{n} + \delta^2 \quad (5\text{-}11)$$

又因为 $\delta = X - x$,$x = \frac{[L]}{n}$ 所以

$$\delta^2 = (X - x)^2 = \left(X - \frac{[L]}{n}\right)^2$$

$$= \frac{1}{n^2}(X - L_1 + X - L_2 + \cdots + X - L_n)^2$$

$$= \frac{1}{n^2}(\Delta_1^2 + \Delta_2^2 + \cdots + \Delta_n^2 + 2\Delta_1\Delta_2 + 2\Delta_2\Delta_3 + \cdots + 2\Delta_{n-1}\Delta_n)$$

$$= \frac{[\Delta\Delta]}{n^2} + \frac{2}{n^2}(\Delta_1\Delta_2 + \Delta_2\Delta_3 + \cdots + \Delta_{n-1}\Delta_n)$$

由于 Δ_1,Δ_2,$\cdots\Delta_n$ 为真误差,所以 $\Delta_1\Delta_2 + \Delta_2\Delta_3 + \cdots + \Delta_{n-1}\Delta_n$ 也具有偶然误差的特性。根据偶然误差第四个特性,当 n 无穷大时它们的总和也为零;当 n 为较大数值时,其值与 $[\Delta\Delta]$ 比较要小得多,因此可以忽略不计,故式(5-11)可为

$$\frac{[\Delta\Delta]}{n} = \frac{[vv]}{n} + \frac{[\Delta\Delta]}{n^2} \quad (5\text{-}12)$$

根据中误差的定义 $m = \pm\sqrt{\frac{[\Delta\Delta]}{n}}$,上式可变为

$$m^2 = \frac{[vv]}{n} + \frac{m^2}{n}$$

即

$$m = \pm\sqrt{\frac{[vv]}{n-1}}$$

这就是公式(5-4),即用改正数求中误差的公式。

(3) 算术平均值的中误差

根据上一节的证明,求算术平均值的中误差的公式为

$$M = \pm\sqrt{\frac{[vv]}{n(n-1)}} \tag{5-13}$$

【例 5-3】某一段距离共丈量了六次,结果如表 5-1 所示,求算术平均值、观测中误差、算术平均值的中误差及相对误差。

表 5-1

次 序	观测值(m)	v(mm)	vv	计 算
1	148.643	−15	225	
2	148.590	+38	1 444	$m = \pm\sqrt{\frac{[vv]}{(n-1)}}$
3	148.610	+18	324	
4	148.624	+4	16	$= \pm\sqrt{\frac{3046}{(6-1)}}$
5	148.654	−26	676	$= \pm 24.7\text{mm}$
6	148.647	−19	361	
	$L = 148.628$	$[v] = 0$	3 046	

【解】根据计算 算术平均值 $L = 148.628$m

观测值中误差 $m = \pm 24.7$mm

算术平均值中误差 $M = \pm\sqrt{\dfrac{[vv]}{n(n-1)}} = \pm\sqrt{\dfrac{3046}{6(6-1)}} = \pm 10.1\text{mm}$

相对误差 $K = \dfrac{10.1\text{mm}}{148.628\text{m}} = \dfrac{1}{15\,000}$

注:利用公式(5-3)、(5-4)、(5-13)计算中误差和算术平均值可利用具有一般函数功能的计算器,在"SD"或"STAT"状态下进行十分方便,不需列表进行。

课题 2 普通测量中误差的产生与处理措施

2.1 水准测量中误差的产生与处理措施

水准测量的误差来源有多种因素,但主要来自仪器及使用工具的误差、观测误差和外界因素的影响三个方面。

(1)仪器及使用工具的误差

1)水准管轴和视准轴不完全平行引起的误差。这项误差是水准测量的主要误差,虽然在水准仪的检验与校正中已得到检验和校正,但不可能将 i 角完全消除,还会有残余的误差。观测时,虽然尽量使前后视距相等,尽可能地减小 i 角对读数的影响,但也难以完全消除。所以,观测中还要避免阳光直射仪器,以防引起 i 角的变化。精度要求高时,利用不同时间段进行往返观测,以消除因 i 角变化而引起的误差。

2)水准标尺误差。水准标尺刻划不均匀、不准确、尺身变形等都会引起读数误差,因此对水准尺要进行检定。对于刻划不准确和尺身变形的尺子,不能使用。对于尺底的零点差,采用在每测段设置偶数站的方法来消除。

(2) 观测误差

1) 观测误差。水准仪观测时视线必须水平，水平视线是依据水准管气泡是否居中来判断的，为消除此项误差，每次在读数之前，一定要使水准管气泡严格居中，读后检查。

2) 标尺不垂直引起的读数误差。标尺不垂直，读数总是偏大，特别是观测路线总是上坡或下坡时，其误差是系统性的，为了消除此项误差，可在水准标尺上安置经过校正的圆水准器，当气泡居中时，标尺即垂直。

3) 读数误差。读数误差一是来源于视差的影响；二是读取中丝毫米数时的估读不准确的影响。为了消除这两方面的误差，可采用重新调焦来消除视差和按规范要求设置测站与标尺的距离，不要使仪器离标尺太远，造成尺子影像和刻划在望远镜中太小，以致读毫米数时估读误差过大。

(3) 外界因素的影响

1) 外界温度的变化引起 i 角的变化，造成观测中读数的误差。为消除此项误差，可在安置好仪器后等一段时间，使仪器和外界温度相对稳定后再进行观测。如阳光过强时，可打伞遮阳，迁站时用白布罩套在仪器上，不置使仪器温度骤然变化。

2) 仪器和标尺的沉降误差。读完后视读数未读前视读数时，由于尺垫没有踩实或土质松软，致使仪器和标尺下沉，造成读数误差。消除此误差的办法有两种：一是操作读数要准确而迅速；二是选择坚实地面设站和立尺，并踩实三脚架及尺垫。

3) 大气折光的影响。由于大气的垂直折光作用，引起了观测时的视线弯曲，造成读数误差。消减此项误差的办法有三种：一是选择有利时间来观测，尽量减小折光的影响；二是视线距地面不能太近，要有一定的高度，一般视线高度离地面要在 0.3 m 以上；三是使前、后视距相等。

上述各项误差的来源和消除方法，都是采用单独影响的原则进行分析的，而实际作业时是综合性的影响，只要在作业中注意上述的消除方法，特别是迅速、准确地读数，会使各项误差大大减弱，达到满意的精度要求。如有条件可使用自动安平水准仪，它可自行地提供水平视线，不需要手动微倾螺旋整平、居中气泡，使观测速度大大提高，有效地消减了一些误差，保证了水准路线的测量精度。

2.2 角度测量中误差的产生与处理措施

(1) 水平角观测的误差与消除

1) 仪器误差。仪器误差一方面来自生产厂家在制造仪器时的度盘偏心差、度盘刻划不均匀误差、水平度盘与竖轴的不完全垂直误差等；另一方面来自在使用仪器之前的检验与校正的不完善，遗留下来的残余误差。

为此，在观测时可采用盘左和盘右两盘位观测，取其平均值作为最后结果，这不但能相互检核，还可消除或减弱度盘偏心差、横轴与竖轴不完全垂直误差、$2c$ 照准误差、竖盘指标差等。在一个测站上可增加测回数，变换起始方向的读数，取各测回的平均值，来消除或减弱度盘刻划不均匀的误差，提高观测精度。

2) 对中误差和目标偏心差。安置仪器时，竖轴的铅垂线和地面角顶的标志不重合造成了对中误差，所观测目标的铅垂线和目标地面标志不重合造成的目标偏心误差。为消除这两项误差，在安置仪器时一定要精确地对中和整平。照准目标距离较近时，直接照准标志点，或立铅笔、钉子来代替标杆。距离较远时，标杆一定要立垂直，尽量地照准目标的根部，可减弱这两项误差的影响。

3）整平误差。整平误差会引起竖轴倾斜，盘左、盘右观测时影响相同，因此不能消除。应严格整平仪器，观测时竖直角越大，影响也越大。所以，在建筑施工中由底层向高层投测轴线时，一定要严格调平水准管气泡。

4）照准误差和读数误差。照准误差的来源主要是望远镜的放大倍率、目标形状、人眼的判断能力、目标影像的亮度和清晰度。

读数误差主要来源于读数设备，如果读数设备中的照明情况不佳，显微镜的目镜未调好焦距，观测者的读数技术又不熟练，估读的极限误差则可能大大增加。因此，在观测时一定要仔细进行调焦，并消除视差，读数时估读要尽量准确。

5）外界条件的影响。在观测水平角时如遇大风，仪器则不稳定。地面的辐射热也会导致大气的不稳定，大气的透明度会影响照准目标的精确度，气温的骤冷骤热会影响仪器的正常状态，地面的坚实程度又影响仪器的稳定性等，这些外界因素都会影响观测的精度。然而，这些不利的因素又不可能完全避免，所以在工作中尽量选择有利的外界条件，避开不利的因素，消减这些不利的影响。

(2) 竖直角观测的误差

1）竖直度盘分划误差、指标差和偏心差。竖直度盘分划误差、指标差和偏心差均为仪器误差，其中度盘的分划误差无法消除，但其本身极小，可忽略不计。指标差可采用盘左、盘右两个盘位观测，计算竖直角的平均值，可以消除。偏心差影响甚大，偏心差是竖直度盘的旋转中心和分划中心不一致造成的。可采用对向观测竖直角的方法来消减此项误差。

2）竖直度盘指标水准管气泡居中误差。竖直度盘的指标位置正确与否，是靠指标水准管气泡居中与否来判断的。因此，每次读取竖直度盘读数时必须使指标水准管气泡居中。

3）照准误差和读数误差。照准误差和读数误差与水平角的影响大致相同。

2.3 距离测量中误差的产生与处理措施

用钢尺进行直线丈量时，误差主要来自以下几个方面：

(1) 尺长误差

丈量所使用的钢尺虽然已经过检定，并在丈量结果中进行了尺长改正，但由于钢尺检定时的精度一般为 1/100 000，因此丈量结果中仍有微小的误差。若使用未检定过的钢尺丈量，则尺长误差更大，并随着距离增长而变大。

(2) 拉力误差

拉力的大小会使钢尺的长度产生变化。根据力学定律，若拉力误差为 50 N，对于 30m 的钢尺会产生 1.7 mm 的误差。所以，在精密丈量距离时，应使用弹簧秤来控制拉力，使钢尺尽可能与检定时所受拉力相同，以消除拉力对丈量的影响。

(3) 温度变化的误差

在大多数情况下丈量时所测的温度是空气温度。并不是钢尺本身的温度。当沿地面丈量时，尺身的温度与空气温度相差较大。例如相差4℃时，对 30 m 的钢尺来说，由此产生的误差可达 1.5 mm，为尺长的 1/20 000。因此，对于精度要求较高的丈量，应采用点温度计测出钢尺本身的温度。

(4) 尺身不水平的误差

在丈量时,若尺身不水平将会使所量的水平距离增大。对于 30 m 的钢尺,若目估尺身水平的误差为 0.3 m,由此而产生的丈量误差可达 1.5 mm。若丈量斜距时,由于测量高差不准确而引起的水平距离误差与高差成正比,与所量尺段长成反比。

(5) 定线误差

定线不准确将会使所丈量的直线变成折线,使得丈量结果变大。这种情况与钢尺不水平相似,只是钢尺不水平是竖直面内倾斜,而定线不准确是在水平面内偏斜。若尺段偏离直线方向 0.3 m,也将产生 1.5 mm 的定线误差。

(6) 钢尺垂曲误差

当悬空丈量时,钢尺因自重而产生下垂,从而使所量距离出现误差。所以,在钢尺检定时应分悬穿与平放两种情况进行,得出各自的尺长改正数,计算时若按实际作业情况采用相应的尺长改正数,则可不考虑该项误差。

(7) 丈量本身的误差

主要包括钢尺的刻划误差、对点不准确、读数误差以及外界条件影响等。一般而言,这些误差在丈量结果中可以抵消一部分,但不能完全消除,这也是丈量工作中的一项重要的误差来源。

由于建筑工程项目较多,对距离丈量的精度要求往往相差很大。因此,丈量距离时应根据不同工程的精度要求采用相应的措施。

课题3 常用测量仪器的误差与处理措施

3.1 水 准 仪

水准仪是进行高程测量的主要工具。水准仪的功能是提供一条水平的视线,而水平视线是依据水准管轴呈水平位置来实现的,如图 5-1 所示。一台合格的水准仪必须满足以下几个条件:1) 水准管轴应与视准轴平行;2) 圆水准器轴应与仪器竖直轴平行;3) 十字丝的横丝应与竖直轴垂直。其中,水准管轴与视准轴平行是水准仪应满足的主要条件。

满足上述条件的目的是为了达到水准测量原理的要求,从而获得可靠的观测数据,以保证最后结果达到精度要求。由于仪器在长期的使用过程中不合理的操作,运输途中的振动等因素,使得水准仪不完全满足上述条件,存在一定的误差。为此,在进行水准测量之前,对所使用的水准仪必须进行检验,检验后不满足条件的还须校正,只有全部条件满足后水准仪才能进行水准测量。

仪器检验与校正的顺序原则是前

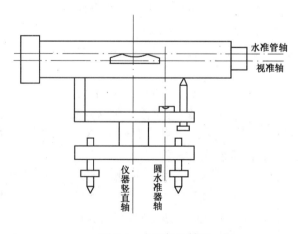

图 5-1 水准仪的轴线

一项检验不受后一项检验的影响，或者说后一项检验不破坏前一项检验条件的满足。因此，水准仪检验与校正应按下列顺序进行，不能颠倒。

(1) 圆水准器轴应平行于仪器竖直轴

1）检验。转动三个脚螺旋使圆水准器气泡居中，然后将水准仪望远镜旋转180°，若气泡仍然居中，说明此条件已满足；若气泡不居中，则说明此项条件不满足，必须进行校正。

2）校正。校正是用装在圆水准器下面的三个校正螺钉完成的，如图5-2所示。用校正针转动三个校正螺钉，使气泡向中心位置移动一半的偏差量。这时，圆水准器轴已与仪器竖直轴平行了。再转动脚螺旋使气泡向中心位置移动另一半的偏差量，即这时圆水准器气泡已经居中，两轴已处于铅垂状态了。这样反复进行，直到望远镜转到任何方向上，圆水准器气泡都居中时为止。

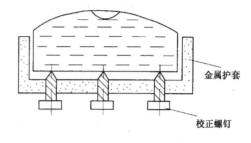

图5-2 圆水准器

(2) 十字丝横轴应垂直于竖直轴

1）检验。整平仪器，用望远镜中十字丝横丝的一端与远处同仪器等高的一个明显点状目标相重合，拧紧制动螺旋，如图5-3（a）所示。

转动微动螺旋，若目标从横丝的一端至另一端始终在横丝上移动，说明此项条件已经满足；若目标偏离横丝，如图5-3（b）所示，则说明此项条件不满足，须进行校正。

2）校正。旋开目镜的护罩，露出十字丝分划板座的三个固定螺钉，如图5-4所示。用小改锥轻轻松开固定螺钉，转动十字丝分划板座，使横丝的一端与目标重合，并轻轻旋紧三个固定螺钉。然后再检验此项，直到满足条件为止。

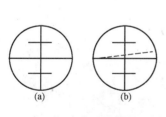

图5-3 十字丝分划板

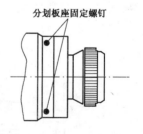

5-4 十字丝分划板座

(3) 水准管轴应平行于视准轴

1）检验。如图5-5（a）所示，在平坦的地面上选择相距约80 m的A、B两点，放置尺垫或打木桩。在A、B的中点C上安置水准仪，用双仪高法测出A、B两点间高差h_{AB}（两次高差之差不超过±5 mm，取其平均值）。由图5-5（a）可以得出

$$h_{AB} = (a_1 - x) - (b_1 - x) = a_1 - b_1 \tag{5-14}$$

因为仪器到两尺的距离相等，即使水准管轴与视准轴不完全平行，对读数产生的误差

x 相等,在计算高差时相互抵消,测出的高差 h_{AB} 就是正确高差。

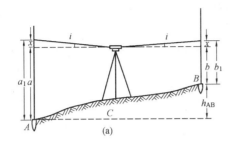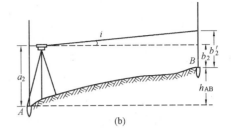

图 5-5 i 角的检验

如图 5-5 (b) 所示把水准仪搬到离 A 点约 3 m 处,精确调平后读得 A 尺上的读数为 a_2,因为仪器离 A 点很近,i 角引起的读数误差很小,可忽略不计,即认为 a_2 读数正确。由 a_2 和高差 h_{AB} 就可计算出 B 点标尺上水平视线的读数 b_2。即

$$b_2 = a_2 - h_{AB} \tag{5-15}$$

然后,转动仪器照准 B 点标尺,精确调平后读取水准标尺读数为 b_2'。如果 $b_2 = b_2'$,说明两轴平行;否则,两轴不平行而存在 i 角,其值为

$$i = \frac{b_2' - b_2}{D_{AB}} \cdot \rho'' \tag{5-16}$$

式中 D_{AB}——A、B 两点间的距离。

测量规范规定,当 DS_3 水准仪 i 角绝对值大于 20″时,需要进行校正。

2) 校正。转动微倾螺旋,使水准读数为正确读数 b_2,这时视准轴水平,而水准管气泡不居中(符合水准器半气泡影像错开),如图 5-6 所示。先用校正针松开水准管一端左、右校正螺钉 a 和 b,再调节上、下校正螺钉 c 和 d,升高或降低水准管的一端,使气泡重新居中(符合水准器两个半气泡影像吻合),然后旋紧各校正螺钉。此项校正需要反复进行,直到条件满足要求为止。

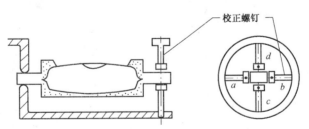

图 5-6 水准管的校正

在实际工作中也可用"平行线"法进行该项的检验与校正。

如图 5-7 所示,在两面墙(电杆)中间安置水准仪。精确调平后分别在两面墙上十字丝横丝瞄准处划一横线 a_1 和 b_1。把仪器搬至距其中一面墙前约 3 m 处,同样在墙上划出一横线 a_2,量取 a_1、a_2 间距 l,在另一面墙上从 b_1 量取 l 得 b_2 横线(与 a_2 方向一致)。精确调平后照准 b_2 横线,若能瞄准 b_2,说明两轴平行;否则,两轴不平行,当差值绝对

值大于 3 mm 时就应校正。

水准管轴应平行于视准轴的检验应定期进行。

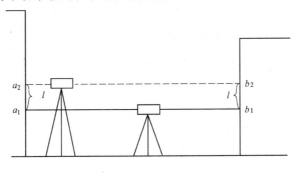

图 5-7 两轴平行的校正

3.2 经纬仪

为了保证观测成果的质量，经纬仪的各主要轴线之间，必须满足一定的几何关系（图 5-8）：1）照准部水准管轴应垂直于仪器的竖轴（$LL \perp VV$）；2）十字丝的纵丝应垂直于横轴（水平轴）；3）望远镜的视准轴应垂直于仪器的横轴（$CC \perp HH$）；4）横轴应垂直于竖轴（$HH \perp VV$）；5）竖直度盘指标差应接近于零。

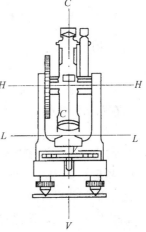

虽然经纬仪在出厂时都经过严格的检验，这些条件都已满足，但由于长途运输、长期的使用及搬迁等原因，使各轴线间的几何关系发生变化。所以，在观测之前必须对仪器进行检验，以保证各轴线间的正确几何关系。若不满足，还必须进行校正。经纬仪的检验与校正按以下顺序进行，不能颠倒。

(1) 照准部水准管轴应垂直于竖轴

1) 检验：

A. 将仪器大致整平，使水准管平行于任意两个脚螺旋的连线，然后转动这两个脚螺旋，使水准管气泡居中。

图 5-8 经纬仪的轴线

B. 将照准部转动 180°，若气泡仍然居中，则说明该条件已经满足，否则必须校正。

2) 校正：

A. 当气泡偏离中心后，先转动水准管校正螺钉，使气泡向中心方向移动一半的距离。

B. 转动平行于水准管的两个脚螺旋，使气泡向中心方向移动剩下的那一半距离。

C. 此项要反复进行校正，直到转动照准部到任何位置后气泡仍在中心为止。

(2) 十字丝纵丝应垂直于横轴

1) 检验：

A. 整平仪器，离仪器 10 m 左右，悬挂一垂球，使垂球稳定，若十字丝纵丝与垂球线重合或平行，则说明满足此项条件，否则必须校正。

B. 整平仪器，离仪器 10 m 远处设一明显点状标志，使十字丝纵丝与标志重合，上下转动望远镜微动螺旋，如十字丝纵丝不离开标志，说明此项条件已满足，否则必须校正。

2) 校正：

A. 旋开目镜处十字丝分划板座的护盖，稍微放松十字丝固定螺钉，如图 5-9 所示。

B. 转动十字丝环，使十字丝纵丝重合于垂球线或标志，并旋紧固定螺钉。

C. 此项检验与校正，须反复进行。

(3) 视准轴应垂直于横轴

1) 检验：

A. 整平仪器，盘左位置照准远处与仪器同高的一目标，读取水平度盘读数为 $\alpha_{左}$。

B. 纵转望远镜，使仪器为盘右位置，仍照准原目标，读取水平度盘读数为 $\alpha_{右}$。

C. 如 $\alpha_{左}$ 读数与 $\alpha_{右}$ 读数相差 180°，即满足此项条件，否则需进行校正。

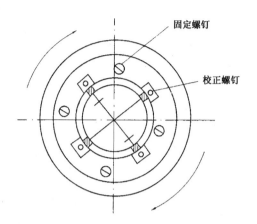

图 5-9 十字丝分划板座

2) 校正：

A. 取 $\alpha_{左}$ 和 $\alpha_{右}$ 两读数的中数，$\alpha_{中} = \dfrac{\alpha_{左} + (\alpha_{右} \pm 180°)}{2}$。

B. 转动水平度盘微动螺旋，使水平度盘指标对准 $\alpha_{中}$ 读数，此时，十字丝已偏离了目标。

C. 旋开目镜处十字丝分划板座的护盖，先微微放松十字丝上下两个校正螺钉，一松一紧左右两个校正螺钉，使十字丝左右移动，其交点对准目标。反复进行，直到满足条件为止。

对于度盘偏心影响较大的 DJ_6 型经纬仪，应按下述方法进行检验与校正。

1) 检验。如图 5-10 所示，在平坦地面上选 A、B 两点相距 80~100 m。在 A、B 两点的中点 O 上安置经纬仪，在 A 点设置一标志，B 点与仪器同高处横放一带毫米分划的尺子。盘左照准 A 点，纵转望远镜在 B 点尺子上读数为 B_1。然后，盘右照准 A 点，纵转望远镜在 B 点尺子上读数为 B_2，若 $B_1 = B_2$，即两点重合，说明此项条件满足；若 B_1、B_2 差值大于 5 mm，则需要校正。

2) 校正。设视准轴误差为 c，在盘左位置时，视准轴 OA 与横轴 OH_1 的夹角为 $\angle AOH_1 = 90° - c$，如图 5-10 所示，纵转望远镜后，视准轴与横轴的夹角不变，即 $\angle H_1OB_1 = 90° - c$。因此，OB_1 与 OA 的延长线之间夹角为 $2c$。同理，OB_2 与 AO 的延长线的夹角也是 $2c$，所以 $\angle B_1OB_2 = 4c$，即 B_1 与 B_2 读数的差值。

校正时，取 B_1B_2 差值的 $\dfrac{1}{4}$（该方法又称为四分之一法）定出 B_3 点，与上述相同的方法调整十字丝分划板，使十字丝交点对准 B_3 即可。

(4) 横轴应垂直于竖轴

1) 检验：

A. 整平仪器，盘左位置照准离仪器 10 m 左右的墙上高处一点 A，如图 5-11 所示。

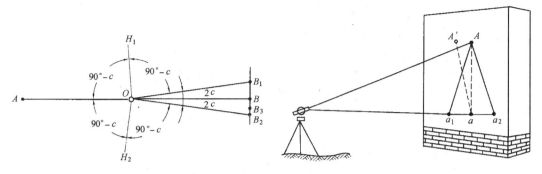

图 5-10　视准轴的校正　　　　　图 5-11　横轴的校正

B. 固定照准部，下转望远镜到大致水平位置，在墙上定出十字丝交点的位置 a_1 点。

C. 纵转望远镜，成盘右位置，再照准高处 A 点，固定照准部，下转望远镜到大致水平位置，若十字丝交点与 a_1 重合，即满足此项条件，如十字丝交点与 a_1 不重合，在墙上可标出 a_2 点，此时，必须校正。

2) 校正：

A. 取 a_1 与 a_2 的连线的中点 a，使十字丝交点照准 a 点。

B. 抬高望远镜照准高处点 A，此时十字丝交点已偏离 A 到 A' 处。

C. 抬高或降低经纬仪横轴的一端使 A' 与 A 重合。

D. 此项校正，一般送仪器修理部门或仪器制造工厂进行。

(5) 竖直度盘的指标差应接近于零

1) 检验：

A. 整平仪器，用盘左与盘右照准同一目标，旋紧竖直度盘水准管微动螺旋，使气泡居中，读出盘左与盘右的读数。

B. 按 $x = 1/2(360° - R - L)$ 计算指标差，若指标差 x 大于 $1'$，则进行校正。

2) 校正：

A. 以盘右位置照准原目标，旋转竖直度盘水准管微动螺旋，使指标对准正确读数，此时气泡不居中。

B. 用校正针改正竖直度盘水准管的校正螺钉使气泡居中，此项须反复进行，直至指标差不大于 $1'$ 为止。

3.3　钢　尺

由于钢尺的长度在制造时不可避免地存在着分划误差，在使用期间随着温度及拉力的变化而改变，致使钢尺的名义长度（即尺上注明的长度）不等于该尺的实际长度。若使用这样的钢尺丈量距离，其结果一定会有由于尺长不准确而引起的误差。在精度要求较高的量距时，必须对所使用的钢尺进行检验，以求得该尺在一定拉力、温度条件下的尺长方程式，从而求得实际长度。

思考题与习题

1. 测量误差的来源有哪些？

2. 什么是系统误差？什么是偶然误差？偶然误差有哪些特性？

3. 什么是中误差、极限误差和相对误差？

4. 为什么等精度观测的算术平均值是最可靠值？

5. 用等精度对 16 个独立的三角形进行观测，其内角和闭合差分别为：+4″，+16″，-14″，+10″，+9″，+2″，-15″，+8″，+3″，-22″，-13″，+4″，-5″，+24″，-7″，-4″，求三角形内角和闭合差的中误差和观测角的中误差。

6. 安置水准仪时，为什么要尽量安置在前后视距相等处？

7. 水准仪安置于 A、B 之间，读取 a_1 为 1.356m，b_1 为 1.287m，水准仪搬至 A 点附近时读数 a_2 为 1.345m，b_2 为 1.270m。试问视准轴与水准管轴是否平行？若不平行，如何校正？

8. 盘左、盘右观测取平均值，可消除哪些仪器误差对测角的影响？

单元 6　定位测量与地形图测绘

知 识 点：定位测量的概念；坐标的测量与测设；地形图的基本知识。
教学目标：熟悉定位测量的概念；掌握坐标测量与测设的方法；熟悉地形图的基本知识；理解地形图测绘的方法。

课题 1　定位测量的概念

定位测量，亦即以某种技术过程确定地面点的位置。在工程建设中，定位测量的主要技术过程有：以测量技术手段测定地面点位置并用图像或图形和数据等形式表示出来，这种技术过程称为测绘。通常这一技术过程把球面地面点位表示为平面的形式。如图 6-1 (a) M、N、P 为地面上的三个点，经测绘技术过程表示为高斯平面上的点位置，如图 6-1 (b) 的 m、n、p。

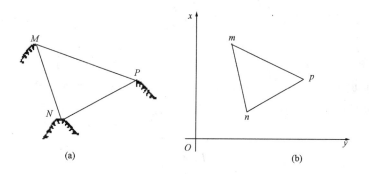

图 6-1　地面点在平面上的表示方法

利用测量技术手段把设计上拟定的地面点测设到实地上，这种技术过程称为测设，或称为工程放样，简称放样。如图 6-2 (a) a、b、c、d 为图纸上设计的一座建筑物的四个角点，放样技术过程将把它们标定在实地上，即 A、B、C、D，如图 6-2 (b) 所示。

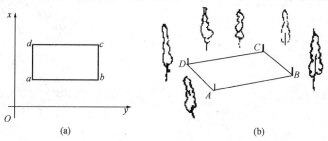

图 6-2　地面点位的测设

课题 2 坐标测量与测设的方法

2.1 坐标正算与坐标反算

如图 6-3 所示,在平面直角坐标系中,有 A、B 两点,假如 A 点坐标 x_A、y_A,边长 D_{AB} 及方位角 α_{AB} 为已知,求 B 点的坐标 x_B、y_B,这就是坐标正算。从图中可知,A 点到 B 点的坐标增量为 Δx_{AB},Δy_{AB},即

$$\left.\begin{array}{l} x_B = x_A + \Delta x_{AB} \\ y_B = y_A + \Delta y_{AB} \end{array}\right\} \tag{6-1}$$

又从图中的直角三角形可知

$$\left.\begin{array}{l} \Delta x_{AB} = x_B - x_A = D_{AB}\cos\alpha_{AB} \\ \Delta y_{AB} = y_B - y_A = D_{AB}\sin\alpha_{AB} \end{array}\right\} \tag{6-2}$$

在图 6-4 中,α_{AB} 是第一象限,$\sin\alpha_{AB}$ 和 $\cos\alpha_{AB}$ 均为正值,所以 Δx_{AB} 和 Δy_{AB} 也均为正值。随着方位角 α_{AB} 的增大,它可能在第 Ⅱ、Ⅲ、Ⅳ 象限,它的正、余弦随着象限的不同而会出现正值与负值,这样坐标增量也会随之而变为正值与负值。用计算器计算时正确输入方位角,坐标增量应为负值时会自动显示出来。

坐标正算实质上就是坐标测量的原理公式,我们可以通过测角和量边由一个已知点的坐标求得另一未知点的坐标。

相反,如图 6-3 中,在平面直角坐标系中有 A、B 两点为已知,即知 x_A、y_A,x_B、y_B,要反过来求这两点间的距离 D_{AB} 和直线 AB 的坐标方位角 α_{AB} 即为坐标反算。由图 6-3 可知,A、B 两点之间的坐标增量 Δx_{AB}、Δy_{AB} 可从已知坐标求得,由直角三角形的关系可得

$$\alpha_{AB} = \tan^{-1}\frac{\Delta y_{AB}}{\Delta x_{AB}} \tag{6-3}$$

$$D_{AB} = \sqrt{\Delta x_{AB}^2 + \Delta y_{AB}^2} \tag{6-4}$$

或

$$D_{AB} = \frac{\Delta y_{AB}}{\sin\alpha_{AB}} = \frac{\Delta x_{AB}}{\cos\alpha_{AB}} \tag{6-5}$$

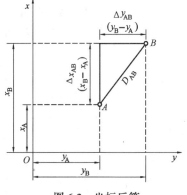

图 6-3 坐标反算

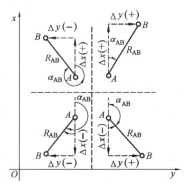

图 6-4 坐标方位角与坐标增量的关系

因为反三角函数只能求得角度的主值,用公式(6-3)求得的值即为 AB 直线的象限角,到底在哪一象限还须用坐标增量的"+","−"来判断。再由象限角与坐标方位角的换算关系,才能求出坐标方位角值。

坐标反算实质上是测设的原理公式,通过坐标反算我们可求得测设所需要的数据。

目前所使用的函数型计算器一般都具有专用按键以固定的程序进行坐标正、反算的功能(也称为直角坐标与极坐标互换)。尽管计算器的型号与生产厂家众多,但坐标正反算的固定程序大致有以下三种形式。

坐标正算

(1) DEG D $\boxed{P \rightarrow R}$ α $\boxed{=}$ 得 ΔX $\boxed{X \quad Y}$ ΔY(如 CASIO f_x—100 型等)

(2) DEG D $\boxed{\updownarrow}$(或 $\boxed{X \leftrightarrow Y}$)α 得 $\boxed{\rightarrow XY}$ 得 ΔX $\boxed{\updownarrow}$(或 $\boxed{X \leftrightarrow Y}$)得 ΔY(SHARP 506H 型等)

(3) DEG D $\boxed{a}$ α $\boxed{b}$ $\boxed{\rightarrow XY}$ 得 ΔX $\boxed{b}$ 得 ΔY(如 SHARP 506P 型等)

坐标反算

(1) DEG ΔX $\boxed{R \rightarrow P}$ ΔY $\boxed{=}$ 得 D $\boxed{X \quad Y}$ α

(2) DEG ΔX $\boxed{\updownarrow}$(或 $\boxed{X \leftrightarrow Y}$)ΔY $\boxed{\rightarrow \gamma/\theta}$ 得 D $\boxed{\updownarrow}$(或 $\boxed{X \leftrightarrow Y}$)得 α

(3) DEG ΔX $\boxed{a}$ ΔY $\boxed{b}$ $\boxed{\rightarrow \gamma/\theta}$ 得 D $\boxed{b}$ 得 α

应用以上程序应注意以下几点:

1) D、α、ΔX、ΔY 均为输入或输出的具体数值,它们分别代表边长、方位角,纵、横坐标增量。

2) 方框为所需按的键名,这些键名有些在某一按键的第二功能位置上,要用第二功能必须事先按 $\boxed{2ndF}$ 或 $\boxed{INV}$。

3) DEG 表示采用一圆周为 360°的 60 进位的角度制。正算时输入角度后需化为十进制。反算时输出的角度也是十进制,必须化为 60 进制。

4) 正算时直接输入方位角,反算输出角度为负值时要先加 180°或 360°然后再化为 60 进制。

2.2 点的平面位置测设

点的平面位置测设方法主要有下面几种方法,应根据施工控制网的形式,控制点的分布,地形情况,建筑物的性质和大小,设计条件,测设精度等因素进行综合分析后选定。

(1) 直角坐标法

如果在施工现场设有互相垂直的主轴线或方格网,且地面平坦就可以用直角坐标法测设点的平面位置。

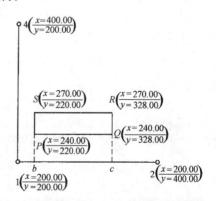

图 6-5 直角坐标法测设

如图 6-5 所示,1、2、4 为施工现场的建筑方格网点,P、Q、R、S 为待测设的建筑物角点，各点坐标如图所示。

首先由各坐标值计算出测设数据，由于建筑物墙轴线与坐标格网平行，建筑物的长度为 108m，宽度为 30m。过 P、Q 点向方格网边作垂线得 b、c 两点，可算得：$P_b = Q_c = 40\text{m}$，$1b = 20\text{m}$，$bc = 108\text{m}$。测设时先在 1 点安置经纬仪瞄准点 2 点，从 1 点开始沿此方向量取 20m 定出 b 点，再继续量出 108m 定出 c 点。

然后将经纬仪搬到 b 点，照准 2 点，逆时针方向测设出直角，并沿此方向量取 40m 得 P 点，再继续量取 30m 得 S 点。在 c 点安置经纬仪同样方法定出 Q、R 两点。最后丈量 RS 和 PQ 是否等于 108m 以作检核。

用该方法测设、计算都比较方便，精度亦高，是较常用的一种方法。

(2) 极坐标法

当被测设点附近有测量控制点，且相距较近，便于量距时，常采用极坐标法测设点的平面位置。

如图 6-6 所示，首先根据控制点 A、B 的坐标及 P 点的设计坐标按下式计算测设数据：水平角 β 及水平距离 D。

$$\alpha_{AB} = \tan^{-1} \frac{y_B - y_A}{x_B - x_A} \quad (6\text{-}6)$$

$$\alpha_{AP} = \tan^{-1} \frac{y_P - y_A}{x_P - x_A} \quad (6\text{-}7)$$

$$\beta = \alpha_{AP} - \alpha_{AB} \quad (6\text{-}8)$$

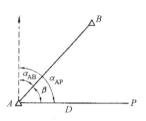

图 6-6 极坐标法测设

$$D_{AP} = \frac{y_P - y_A}{\sin \alpha_{AP}} = \frac{x_P - x_A}{\cos \alpha_{AP}} = \sqrt{\Delta x_{AP}^2 + \Delta y_{AP}^2} \quad (6\text{-}9)$$

然后将经纬仪安置在 A 点，测设 β 角以定出 AP 方向，再沿该方向测设距离 D_{AP}，即可定出 P 点在地面上的位置。同法定出建筑物其余各点，并作必要的检核。

随着光电仪器及计算机的普及，采用该方法测设点位越来越多。

(3) 全站仪法

如图 6-7 所示，采用全站仪测设 P 点位置，则非常方便，其方法如下：

1) 把全站仪安置在 A 点，按已知点设站，并照准后视 B 点。

2) 手工输入 P 点的设计坐标和控制点 A、B 的坐标，就能自动计算极坐标法测设数据：水平角 β 和水平距离 D。

3) 按照仪器显示的角度 β，旋转照准部使角度为 0°，并在视线方向上立棱镜观测，仪器显示立棱镜点到 P 点的差值，指挥棱镜按仪器显示的结果移动，即得 P 点。

具体操作可参见仪器说明书。

(4) 角度交会法

角度交会法是测设出两个已知角度的方向交会出

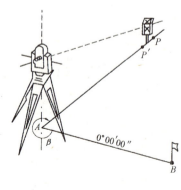

图 6-7 全站仪法测设

点的平面位置，此法又称为方向线交会法。当不便量距或测设的点距离控制点较远时，采用此法较为适宜。

如图6-8所示，A、B、C为控制点，P为所要测设的点，其设计坐标已知。测设时首先由各点的坐标计算出测设数据β_1、β_2、β_3。然后在A、B、C三个控制点上安置经纬仪，测设出β_1、β_2、β_3角度，得到AP、BP、CP三个方向，在各方向P点前后各钉两个小木桩，桩顶上钉钉，分别用细绳相连，就可交会出P点。若观测有误差三个方向不交于一点，而形成示误三角形。如果三角形最大边长不超过5cm，则取三角形的重心作为P点的最终位置，如图6-9所示。如果只有两个方向应重复交会，以作检核。

同法可交会出建筑物的其余各点，并对测设出的建筑物进行必需的检核。

(5) 距离交会法

距离交会法是测设两段已知距离交会出点的平面位置。该方法适用于场地平坦，量距方便，且控制点离测设点不超过一整尺的长度。

如图6-10所示，P点为待测点，测设前根据P点的设计坐标及控制点A、B的已知坐标计算出测设距离D_1、D_2。测设时分别用两把钢尺的零点对准A、B点，同时拉紧，拉平钢尺，以D_1和D_2为半径在地面上画弧，两弧的交点即为待测点的位置。

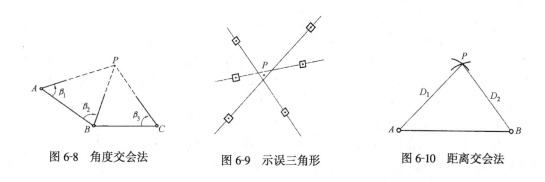

图6-8　角度交会法　　　图6-9　示误三角形　　　图6-10　距离交会法

该方法的优点是不需要仪器，但精度较低，施工测设细部点时常采用此法。

课题3　实训——点位坐标测量与测设

3.1　目的和要求

(1) 进一步练习水平角和水平距离的测设方法。
(2) 练习用极坐标法、直角坐标法测设平面点位的方法。
(3) 角度测设的限差不大于±40″，距离测设的相对误差不大于1/5000。
(4) 练习坐标测量。

3.2　准备工作

(1) 仪器和工具

经纬仪和三脚架、钢尺、测钎、记录板、铅笔、三角板。

(2) 场地布置

由指导教师根据实地情况规定。

(3) 阅读教材

认真阅读单元 6 中极坐标法、直角坐标法测设平面点位的有关内容。

3.3 训练步骤

(1) 根据极坐标法测设

如图 6-11 所示，根据控制点 A、B 测设建筑物（构筑物）角点 1、2 的位置。计算 β 和 D_{AP} 测设数据

$$\alpha_{AB} = \tan^{-1} \frac{y_B - y_A}{x_B - x_A}$$

$$\alpha_{AP} = \tan^{-1} \frac{y_P - y_A}{x_P - x_A}$$

$$\beta = \alpha_{AP} - \alpha_{AB}$$

$$D_{AP} = \frac{y_P - y_A}{\sin\alpha_{AP}} = \frac{x_P - x_A}{\cos\alpha_{AP}} = \sqrt{\Delta x_{AP}^2 + \Delta y_{AP}^2}$$

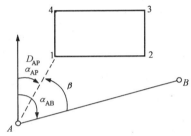

图 6-11 极坐标法测设

根据求得的放样数据 β 和 D_{AP}，测设 1 点时，在 A 处安置经纬仪，后视 B 点，用正倒镜取中法测设 β 角，在 A_1 方向上用钢尺测设 D_{AP} 水平距离即得 1 点。用同法可测设出 2、3、4 点。最后检查建筑物的边长和角度是否符合要求。

(2) 根据直角坐标法测设

如图 6-12 所示，OB、OC 是两条互相垂直的控制网边线，根据设计图上建筑物四个角桩的坐标，在实地测设出建筑物轴线交点 1，2，3，4 的位置。

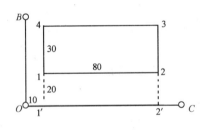

图 6-12 直角坐标法测设

测设时，在 O 点安置经纬仪，瞄准 C 点，在此方向上以 O 点向 C 点测设 10.00m 和 90.00m，定出 1′点和 2′点。然后搬仪器至 1′点，瞄准 C 点，盘左、盘右取中法测设 90°角，得 1′4 方向线，在此方向由 1′点量 20.00m 和 50.00m 得 1 点和 4 点。再搬仪器至 2′点，瞄准 O 点用同样方法可得 2 点和 3 点。最后检查 1，2 和 3，4 点之间的距离是否为 80.00m。

(3) 进行坐标测量：对放样点测角、量边后，用式 (6-1)、式 (6-2) 计算坐标并与设计坐标比较。

3.4 注意事项

(1) 测设数据经校核无误后才能使用。

(2) 钢尺性脆易折断，防止打环、扭曲、拖拉，并严禁车碾、人踏，以免损坏。

3.5 点位坐标测量与测设记录表（表6-1）

点位坐标测量与测设记录表 表6-1

点的平面位置测设、检测记录					
测　　站	测设水平角 (° ′ ″)		检测水平角 (° ′ ″)	误　差 (° ′ ″)	限　差 (° ′ ″)
	测设水平距离 (m)		检测水平距离 (m)	相对误差	限差（mm）

点的坐标测量记录

测站：　　　　　　　　　　　　　　后视点：

测点	前视读数 (° ′ ″)	水平角 (° ′ ″)	方位角 (° ′ ″)	水平距离 (m)	坐标增量（m）		坐标（m）	
					ΔX	ΔY	X	Y

实训场地布置示意图

实训总结	

课题4　地形图的基本知识

地球表面的形状十分复杂，但总体上可分地物和地貌两大类。具有明显的轮廓，固定性的自然形成或人工构筑的各种物体，如江河、湖泊、房屋、道路等，统称为地物；地球表面的自然起伏，变化各异的形态，如山地、丘陵、平原、洼地等，统称为地貌；地物和地貌合称为地形。拟建地区的地形资料是工程规划、设计和施工必不可少的基础资料。

4.1　地形图的比例尺

（1）比例尺的种类

比例尺按表示的方法不同，可分为数字、直线比例尺两种。

1）数字比例尺。图上的直线长度 l 与地面上相应直线的水平距离 L 之比，并以分子为1的分数表示，称之为地形图的比例尺，即

$$\frac{1}{M} = \frac{l}{L} = \frac{1}{\frac{L}{l}}$$

用数字形式表示的比例尺称为数字比例尺。如：$\frac{1}{500}$、$\frac{1}{1000}$、$\frac{1}{2000}$ 也可写成 1：500、1：1 000、1：2 000。知道数字比例尺之后，图上与地面实物之间的尺寸就可以通过数字比例尺来进行互换。但是，在实际作业时，因为这种互换的计算量过繁，也容易出错，故在应用时，经常用的是三棱比例尺，如图6-13所示。即在一把尺上刻出六种比例尺。这样应用时不必经繁琐的换算，就方便多了。

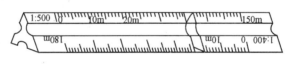

图6-13　三棱比例尺

2）直线比例尺。直线比例尺又称图示比例尺。为了直接而方便地进行图上与实地相应水平距离的换算并消除由于图纸伸缩引起的误差，常在地形图图廓的下方绘制一直线比例尺，用以直接量测图内直线的实际水平距离。如图6-14（a）、（b），分别表示1：500、1：2 000两种直线比例尺。

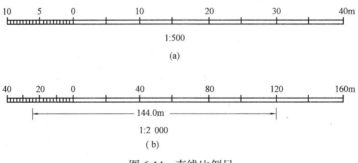

图6-14　直线比例尺

它是在图纸的下方画两条间距为 2mm 的平行直线,再以 2cm 为基本单位,将直线等分为若干大格,然后把左端的一个基本单位分成十等份,以量取不足整数部分的余数。在小格和大格的分界处注以 0,其他大格分划上注以 0 至该分划按该比例尺计算出的实地水平距离。

量测时,先用分规在地形图上量取某线段的长度,然后将分规的右针尖对准直线比例尺 0 右边的某整分划线,使左针尖处于 0 左边的毫米分划小格之内以便读数。如图 6-14(b) 中,右针尖处于 120m 分划处,左针尖落在 0 左边的 24.0m 分划线上,则该线段所代表的实地水平距离为 120 + 24.0 = 144.0m。

(2) 比例尺精度

地形图上 0.1mm 所代表的实地水平距离,称为比例尺精度,用 ε 表示,即

$$\varepsilon = 0.1\text{mm} \times M$$

式中 M——比例尺分母。

不同的测图比例尺,有不同的比例尺精度,见表 6-2。

比例尺精度 表 6-2

比例尺	1:500	1:1 000	1:2 000	1:5 000
比例尺精度	0.05m	0.10m	0.20m	0.50m

根据比例尺精度,不但可以确定测图时测量碎部点间距离的精度,而且也可以按照在图上量测距离的规定精度来确定测图比例尺。例如,测绘 1:2 000 比例尺的地形图时,测量碎部点距离的精度只须达到 0.1mm × 2 000 = 0.2m。又例如在图上能表示不大于 ±0.5m 精度的距离,则测图所用的比例尺应不小于 0.1mm ÷ 0.5m = 1:5 000。

比例尺愈大,所反映的地形愈详细,精度也愈高,但测图的时间、费用消耗也将随之增加。因此,用图部门可依工程需要参照表 6-3,选择测图比例尺。以免比例尺选择不当造成浪费。

测图比例尺的适用范围 表 6-3

比例尺	用途
1:10 000	城市规划设计(城市总体规划、厂址选择、区域位置方案比较)等
1:5 000	
1:2 000	城市详细规划和工程项目的初步设计等
1:1 000	城市详细规划、管理、地下管线和地下人防工程的竣工图、工程项目的施工图设计等
1:500	

4.2 地形图的图名、图号和图廓

(1) 图名和图号

1) 地形图的图名。图名即本幅图的名称,一般以本图幅中的主要地名命名。如果大比例尺地形图所代表的实地面积很小,往往以拟建工程命名或编号。

2) 地形图的分幅和编号。每幅地形图的大小是一定的,当测区范围较大时,为便于

测绘和使用地形图,需将地形图按一定的规则进行分幅和编号。

A. 正方形图幅的分幅和编号。工程建设中使用的大比例尺地形图一般用正方形分幅。它是以 1:5 000 地形图为基础按统一的直角坐标格网划分的。正方形图幅的大小及尺寸见表 6-4。

正方形图图幅的大小　　　　　　表 6-4

比 例 尺	图幅大小 (cm)	实地面积 (km²)	一张 1:5 000 图幅所包括 本图幅的数目
1:5 000	40×40	4	1
1:2 000	50×50	1	4
1:1 000	50×50	0.25	16
1:500	50×50	0.0625	64

具体分幅的编号如图 6-15 所示。

例如,某幅 1:5 000 比例尺地形图西南角坐标值为纵坐标 $x = 40.0$ km,横坐标 $y = 50.0$ km,则它的图号为 40—50。

1:2 000、1:1 000、1:500 比例尺地形图的编号,是在基础图号后面分别加罗马数Ⅰ、Ⅱ、Ⅲ、Ⅳ组成。一幅 1:5 000 的地形图可分成四幅 1:2 000 的地形图,其编号分别为 40—50—Ⅰ、40—50—Ⅱ、40—50—Ⅲ、40—50—Ⅳ。同法可继续对 1:1 000 和 1:500 的地形图进行编号。

如图 6-14 中,P 点所在不同图幅的编号如表 6-5 所列。

P 点在不同图幅的编号　　　　　　表 6-5

比 例 尺	P 点所在图幅编号
1:5 000	40—50
1:2 000	40—50—Ⅳ
1:1 000	40—50—Ⅳ—Ⅱ
1:500	40—50—Ⅳ—Ⅱ—Ⅲ

图 6-15　正方形分幅编号

B. 数字顺序编号法。在较小区域的测图,图幅数量较少,可用这种方法编号,如图 6-16 所示。

(2) 接合图表

为了便于查取相邻图幅,通常在图幅的左上方绘有该图幅和相邻图幅的接合图表,以表明本图幅与相邻图幅的联系,如图 6-16 所示。

(3) 图廓

图廓是地形图的边界线,有内、外图廓之分。如图 6-17 所示,外图廓线以粗线描绘,内图廓线以细线描绘,它也是坐标格网线。内、外图廓相距 12mm,在其四角标有以 km(或百

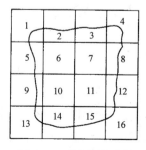

图 6-16　数字顺序编号

米）为单位的坐标值。图廓内以"+"表示 10cm×10cm 方格网的交点，以此可量测图上任何一点的坐标值。

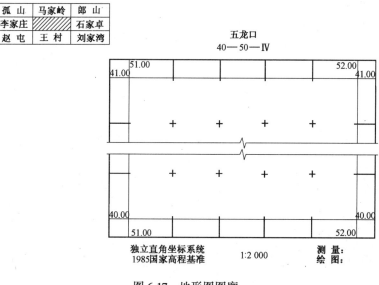

图 6-17 地形图图廓

4.3 地形图的图式

地面上的地物和地貌在地形图上都用简单明了、准确、易于判断实物的符号来表示，这些符号总称为地形图图式。表 6-6 是国家测绘局颁布的"1∶500、1∶1 000、1∶2 000 地形图图式"中所规定的部分地物、地貌符号。

（1）地物符号

地物符号表示地物的形状、大小和位置，根据地物的形状大小和描绘方法的不同，地物符号有下列几种：

1）比例符号。把地物的平面轮廓按测图比例尺缩绘在图上的相似图形，称为比例符号。它不但能反映地物的位置也能反映其大小与形状。如房屋、河流、农田等（表 6-6）。

2）线形符号。对于一些带状地物，如道路、围墙、管线等，其长度可按比例尺缩绘，但宽度不能按比例尺缩绘，这种符号称为线形符号（表 6-6）。线形符号的中心线就是地物的中心线。

地形图图式（部分） 表 6-6

编号	符号名称	图 例	编号	符号名称	图 例
1	三角点 凤凰山—点名 394.468—高程	凤凰山 394.468 3.0	7	乱掘地	乱掘

续表

编号	符号名称	图 例	编号	符号名称	图 例
2	普通房屋 2—房屋层数		8	一、管线、架空的 　1．依比例尺的 　2．不依比例尺的 二、地面上的 三、有管堤的 四、地面下的 五、地下检修井 　1．上水 　2．下水 　3．煤气 　4．暖气 　5．通风 　6．石油 　7．电信 　8．电力 　9．不明用途	
3	台　阶				
4	电力线 1．高压 2．低压 3．电杆 4．电线架 5．铁塔 6．电杆上的变压				
5	等高线及其注记 1．首曲线 2．计曲线 3．间曲线		9	耕地 1．水稻田 2．旱地	
6	通讯线		10	栅栏、栏杆	

3) 非比例符号。当地物较小,控制点、电杆、水井等很难按测图比例尺在图上画出来,就要用规定的符号来表示,这种符号称非比例符号。它只表示地物的中心位置(表 6-6)。

上述符号的使用界限不是固定不变的,这主要取决于地物本身的大小,测图的比例尺,如道路、河流,其宽度在大比例尺图上按比例缩绘,而在小比例尺图上则不能按比例缩绘。

4) 注记符号。注记符号是对地物符号的说明或补充,它包括:

A. 文字注记:如村、镇名称等。

B. 数字注记：如河流的深度、房屋的层数等。

C. 符号注记：用来表示地面植被的种类，如庄稼类别、树种类等。

(2) 地貌符号——等高线

在大比例尺地形图上，用等高线和规定符号表示地貌。

1) 等高线。等高线是地面上高程相等的相邻各点连成的闭合曲线。设想一座湖中小岛，湖水表面静止时，其与小岛的交线是一条高程相等的闭合曲线。如图 6-18 所示，开始时湖水水面高程为 100m，则湖水水面与小岛的交线即为 100m 的等高线；湖水水位下降 5m 后，得到 95m 交线的等高线；然后水位继续下降 5m，得到 90m 交线的等高线；这样，水位每下降 5m，就得到一条湖面与小岛相交的等高线。从而得到了一组高程为 5m 的等高线。把这一组实地上的等高线沿铅垂线方向投影到水平面上，并按规定的比例尺缩小画在图纸上，就得到用等高线表示该小岛的地貌图。

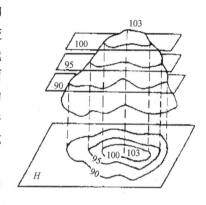

显然，地面的高低起伏状态决定了图上的等高线状态。因此，可以从地形图的等高线形状判断实地的地貌形态。

图 6-18　等高线

2) 等高距和等高线平距。相邻两条等高线的高差称为等高距，亦称等高线间隔，用 h 表示。同一幅地形图内，等高距是相同的。等高距的大小应综合考虑测图比例尺、地面起伏情况和用图要求等因素确定。综合考虑确定的等高距亦称基本等高距。

相邻等高线间的水平距离，称为等高线平距，用 d 表示。因为同一幅地形图中，等高距是相同的，所以等高线平距的大小是由地面坡度的陡缓所决定的。如图 6-19 所示，地面坡度越陡，等高线平距越小，等高线越密（图中 A、B 段）；地面坡度越缓，等高线平距越大，等高线越稀（图中 BC 段），坡度相同则平距相等，等高线均匀（图中 CD 段）。

3) 等高线分类：

A. 首曲线。在地形图上按基本等高距勾绘的等高线称为基本等高线，亦称首曲线。首曲线用细实线描绘，如图 6-20 中高程为 11、12、13、14m 的等高线。

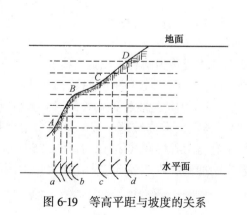

图 6-19　等高平距与坡度的关系

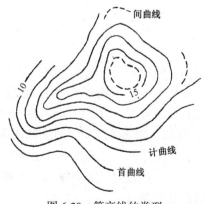

图 6-20　等高线的类型

B. 计曲线。为了识图方便,每隔四条首曲线加粗描绘一条等高线,称为计曲线。计曲线上必须注有高程,如图 6-20 中的 10m、15m 等高线。

C. 间曲线、助曲线。当首曲线表示不出局部地貌形态时,则需按 $\frac{1}{2}$ 等高距,甚至 $\frac{1}{4}$ 等高距勾绘等高线。按 $\frac{1}{2}$ 等高距勾绘的等高线,称为半距等高线,亦称间曲线,用长虚线表示。按 $\frac{1}{4}$ 等高距测绘的等高线,称为辅助等高线,亦称助曲线,用短虚线表示。间曲线或助曲线表示局部地势的微小变化,所以在描绘时均可不闭合。如图 6-20 中的虚线所示。

4) 几种基本地貌的等高线。地貌形态各异,但不外乎是由山地、洼地、平原、山脊、山谷、鞍部等几种基本地貌所组成。如果掌握了这些基本地貌等高线的特点,就能比较容易地根据地形图上的等高线辨别该地区的地面起伏状态或是根据地形测绘地形图。

A. 山地和洼地(盆地)。图 6-21 为一山地的等高线,图 6-22 为一洼地的等高线。它们都是一组闭合曲线,但等高线的高程降低方向相反。山地外圈的高程低于内圈的高程,洼地则相反,内圈高程低于外圈高程。如果等高线上没有高程注记,区分这两种地形的办法是在某些等高线的高程下降方向垂直于等高线画一些短线,来表示坡度方向,这些短线称为示坡线。

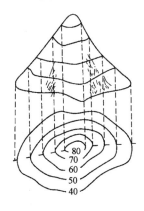

图 6-21 山地

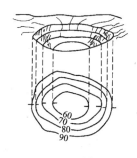

图 6-22 洼地

B. 山脊和山谷。沿着一个方向延伸的山脉地称为山脊。山脊最高点的连线称为山脊线或分水线。

两山脊间延伸的洼地称为山谷。山谷最低点的连线称为山谷线或集水线。

山脊和山谷的等高线均为一组凸形曲线,前者凸向低处(图 6-23),后者凸向高处(图 6-24)。山脊线和山谷线与等高线正交,它们是反映山地地貌特征的骨架,称为地性线。

C. 鞍部。相邻两山头之间的低凹部分,形似马鞍,俗称鞍部。鞍部是两个山脊和两个山谷会合的地方。它的等高线由两组相对的山脊与山谷等高线组成,如图 6-25 所示。

此外,一些坡度很陡的地貌,如绝壁、悬崖、冲沟、阶地等则按大比例尺地形图图式所规定的符号表示。

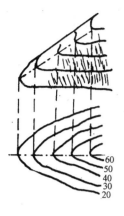 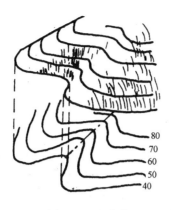 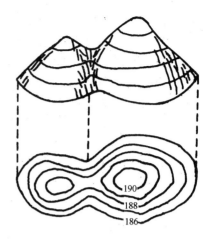

图 6-23　山脊线　　　　图 6-24　山谷线　　　　图 6-25　鞍部

5）等高线的特性。综上述所述，等高线具有以下特征：

A. 同一条等高线上各点的高程必然相等。

B. 等高线是闭合曲线。如不在本图幅内闭合，则在相邻图幅内闭合。所以勾绘等高线时，不能在图内中断。

C. 除遇绝壁、悬崖外，不同高程的等高线不能相交。

D. 同幅图内，等高距相同，等高线平距的大小反映地面坡度变化的陡缓。地面坡度越陡，平距越小，等高线愈密；坡度越缓，平距越大，等高线就愈稀；地面坡度相同，平距相等，等高线均匀。

E. 等高线过山脊、山谷时与山脊线、山谷线正交。

课题 5　地形图测绘的方法

在工程规划、设计和施工之前，都要测绘该地区的地形图。地形图是在控制测量结束以后，以控制点为测站，测量周围地物、地貌特征点的平面位置和高程，以测图比例尺缩绘于图纸上，按照《地形图图式》规定的符号和方法绘制成的。

目前，大比例尺地形图主要采用传统的平板仪测绘和全站仪数字测绘等方法。下面分别给予介绍。

5.1　测图前的准备工作

在进行地形图测绘以前应做好各项准备工作，包括图纸的准备和坐标点展绘。

（1）图纸的准备

目前，测绘单位广泛采用聚脂薄膜进行测图。这种经过打毛后的聚脂薄膜，其优点是：伸缩性小，无色透明，牢固耐用，化学性能稳定，质量轻，不怕潮湿，便于携带和保存。但聚脂薄膜怕折，易燃，应注意防火，防止接触高温。

一般在测绘用品商店可以买到绘有坐标方格网聚脂薄膜。

（2）坐标点展绘

测图前,要把控制点按其坐标值展绘到坐标方格网图纸上,然后才能到野外测图。

展绘控制点之前,先根据测区所在图幅的位置,测图比例尺,将坐标格网线的坐标值注在相应图廓的外侧,如图 6-26 所示。

展绘时,先确定控制点所在的方格,如控制点 A 的坐标为 $x_A = 723.64m$、$y_A = 789.53m$,$H_A = 96.273m$。根据 A 点的坐标可知,A 在 $mnlk$ 方格内,然后从 m 点和 n 点分别向上量取 23.64m 在图上的长度得 a、b 两点,再从 k、m 两点分别向右量取 89.53m 在图上的长度得 c、d 两点,ab 和 cd 连线的交点即为 A 的位置。

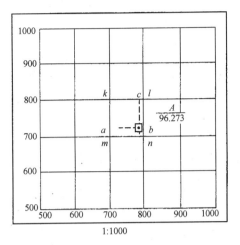

图 6-26 坐标方格网

同法可将其他各控制点展绘在坐标方格网内,因为展点的精度与成图质量有着密切的关系,各点展绘后应认真进行检查。方法为:用比例尺量取各相邻控制点之间的距离,和已知的边长相比较,其最大误差在图上不应超过 $±0.3mm$,否则应重新展绘。

当控制点的平面位置绘在图纸上后,应加上控制点的符号,并在其右侧画一横线,在横线上方注明点号,在横线下方注明高程。测图时先在图板上垫一张白图纸,衬在绘有坐标方格网聚脂薄膜下面,然后用胶带纸或铁夹将其固定在图板上,即可进行测图。

5.2 平板仪测绘地形图

(1) 平板仪的构造

如图 6-27 所示,小平板是由测图板、照准仪、三脚架组成,还有罗针和移点器等附件。

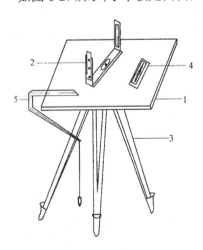

图 6-27 小平板仪
1—测图板;2—照准仪;3—三脚架;
4—罗针;5—移点器

测图板是用经过脱脂、压缩的木板制成,一般尺寸 60cm×60cm,厚 2~3cm,背面配有与三脚架连接的装置。

照准仪又称为测斜仪,是由直尺、水准器和前、后觇板组成,直尺长一般为 20~30cm,尺的斜边刻有分划。直尺一端装有一块含上、中、下三个觇孔的后觇板,另一端装有一块含照准丝和分划线的前觇板;由觇孔和照准丝构成视准面,用以照准目标。方盒罗针是用来标定测图板方向的。移点器又称为对点器,借助它可以使地面点和图上相应点处在同一铅垂线上。

(2) 平板仪测图的原理

如图 6-28 所示,设地面上有 A、B、C 三点,其中 A、B 点坐标已知,则能将此两点展绘在图纸上，现要测量 C 点的位置。由图板上的 b 点，把测图板水平地安置在测站点 B 的铅垂线上。由图板上的 ba 方向上照准地面上 A 点，使 ab 直线与 AB 直线在同一铅垂面内，此时通过 BC 做一铅垂面与图板相交可得一方向线 bc，沿此方向线量取 B 点至 C 点的距离，根据测图比例尺即可在图上得到 c 点。若 B 点的高程已知，再测得 B、C 间的高差，即可得到 C 点的高程。故图纸上的图形 abc 相似于地面上图形 ABC。这就是平板仪图解法测量的原理。同法，测站附近各地面点的平面位置和高程均可测得，就可绘出相应的地形图。

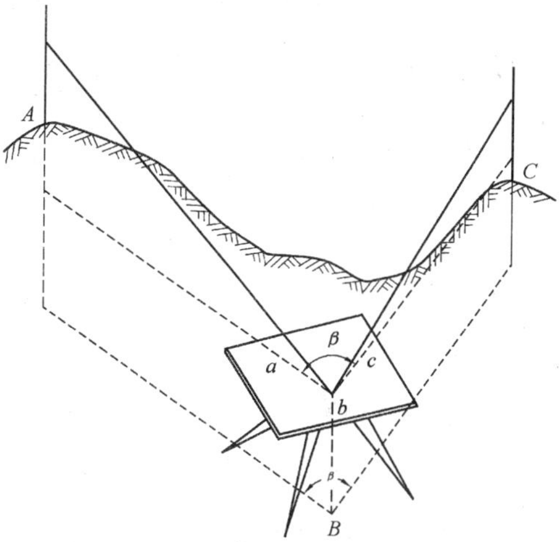

小平板仪测绘地面点通常使用的方法有极坐标法和前方交会法。

图 6-28　平板仪测图原理

1）极坐标法。如图 6-29（a）所示，极坐标法是先确定测点至待测点的方向，再根据测得的两点间的水平距离，按测图比例尺将待测点绘于图纸上。

2）前方交会法。如图 6-29（b）所示，先以已知点 a 为测站，用直线 ab 定向，确定图上 ap 的方向，再以 b 为测站，用直线 ba 定向，确定图上 bp 的方向，则 ap 与 bp 的交点即为图上 p 点的位置。

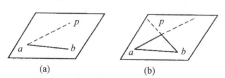

图 6-29　平板仪测图方法

由平板仪的测图原理可知，在一个测站上，小平板仪的安置工作不仅要满足对中、整平，还要满足定向。对中的目的是使地面上的点与图板上相应点在同一铅垂线上；整平的目的是使测图板处于水平状态；定向的目的是使地面上的已知方向线与图板上相应的直线在同一铅垂面内。这三项工作既相互影响又相互制约，因此小平板仪的安置不可能一次完成，一般可按以下两步进行。

A. 初步安置。先目估进行定向，然后在保持测图板大致水平的前提下，移动整个测图板进行对中，此时应尽量不破坏前面的定向和整平，使平板仪的安置大致能满足上述的三个要求，再进行下一步的精确安置。

B. 精确安置。精确安置的工作与初步安置的步骤恰恰相反，其次序是由对中→整平→定向。

a. 对中。将移点器的尖端对准图上测站点，移动三脚架使垂球尖对准地面测站点。移动时应注意不改图板初步安置的方向，板面也仍要保持大致水平。对中的允许误差与测图比例尺有关，一般规定为测图比例精度的一半乘以比例尺分母 M，即 $0.05\text{mm} \times M$。

b. 整平。利用尺板上的水准管或独立水准器进行，方法与经纬仪的整平相同，需反复进行。

c. 定向。定向的方法有两种：第一种是利用已知直线定向（图 6-30），此时使照准仪的直尺边沿紧靠图上已知方向线 ab，转动测图板，使照准仪照准地面目标 B，使直线 ab 与 AB 在同一竖直面内，使测图板固定即完成这项工作；第二种方法是当图上没有已知直线时，可用方盒罗盘针定向，将方盒罗针的长边紧靠南北图廓线，转动图板，使磁针指向盒内的零分划线，再将图板固定。

定向误差对平板仪测图的精度影响很大，所以安置时，应力求准确，用已知直线定向比用方盒罗盘定向的精度高。用已知直线定向时，所用直线愈长，精度愈高，所以实际作业时应用长边定向，并用短边检查，图上偏差不应超过 0.3 mm。

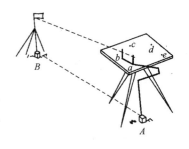

图 6-30　平板仪定高

5.3　全站仪数字化测图

数字化测图系统包括软件系统和硬件系统，软件系统主要有操作系统（WINDOWS）、图形软件（AUTOCAD）、测图专用软件（CASS6.0、EPSW2.0）等。硬件系统主要有全站仪、电子手簿、计算机、绘图仪等。其中，全站仪的作用是完成对外业地形观测点数据（观测数据或坐标）的采集和测站点、特征点编码（点号输入），数据的存储与传输。然后通过内业测量数据的图形处理生成数字地形图。下面着重对全站仪在测图专用软件 EPSW 系统支持下，进行数据采集的过程作一说明。

（1）作业准备

包括全站仪数据通讯的设置、工程名称和测区范围的设定、测区图幅的划分、已知控制点坐标的输入，以及测量作业参数、图的分层、出图格式和图廓整饰等的设置。

（2）外业数据采集

外业数据采集包括图根控制测量和碎部测量。在数字化测图中，图根控制测量和碎部测量既可以分步进行，即先控制后碎部，也可采用"同步法测量"，即图根控制测量与碎部测量同时进行，并实时显示成图。在小范围测图中，后者既省时又省力，同时也能满足精度要求，因而较为常用。

如图 6-31 所示，A、B、C、D 为已知点，a、b……为图根导线点，1、2……为地形特征点，则作业过程如下：

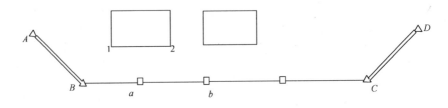

图 6-31　图根点与碎部点测量

全站仪安置于 B 点，后视 A 点，前视 a 点，测得水平角、竖直角和斜距，由此算得 a 点三维坐标（X_a、Y_a、H_a）。可采用全站仪的坐标功能或调用专用测量程序完成此项工作。

仪器不动，以 A 作零方向施测 B 点周围的特征点 1、2……，并依据 B 点坐标计算各特征点的坐标。根据记录的特征点坐标、地形要素编码和连接信息编码，在显示屏上实时展绘成图，并可现场编辑修改。

仪器迁至 a 测站，后视 B 点，前视 b 点，同样测得水平角、竖直角和斜距，算得 b 点三维坐标（X_b、Y_b、H_b）。然后同（2）进行本站周围的特征点测量。同法测量其余各点。

当测至导线点 C 时，再根据 B 至 C 的导线数据，计算出导线点的闭合差。若限差在允许范围内，则平差各导线点的坐标，并可根据平差后的坐标重新计算各特征点的坐标，然后再作图形处理。

课题 6　实训——一站点地形图测绘

6.1　目的与要求

掌握平板仪测绘地形图的方法，测绘一张建筑物 1:1000 的比例尺图。

6.2　准 备 工 作

（1）仪器工具

每组配备小平板仪一台，水准尺、30m 皮尺、三角板各一个。20cm×20cm 图纸一张，并在图纸上量取 3cm 线段，线段端点 a、b 作为图上控制点，如图 6-32 所示。

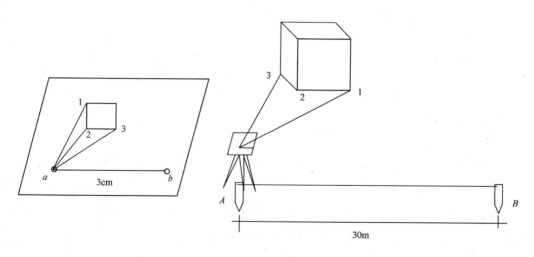

图 6-32　平板仪测图

（2）场地

选一附近有建筑的平坦场地，量取 30m 线段，线段端点各打一木桩，桩顶钉小钉，使两钉间距离为 30m，作为控制点 A、B 的实地位置。

(3) 阅读材料

阅读单元 6 中地形图测绘的方法。

6.3 方法与步骤

(1) 安置平板仪于测站点 A 上，对中、整平、定向。
(2) 照准仪照准地物点 1，在图纸上画出 $A1$ 方向线，用皮尺量取 $A1$ 的水平距离。
(3) 按 $A1$ 的水平距离和 1:1000 比例尺在该方向上定出点 1 的位置，并在该点右侧注明点号。同法，绘出 A 站上其余各地物点 2、3 的平面位置。
(4) 连接地物点 1、2、3，对照实地即可在图上绘出建筑物平面位置，得实际建筑物 1:1000 比例尺图。

思考题与习题

1. 定位测量的概念是什么？什么叫坐标正算？什么叫坐标反算？
2. 点的平面位置测设方法有哪几种？各适用于什么场合？各需要哪些测设数据？
3. 已知 $\alpha_{AB} = 300°04'00''$；$X_A = 14.22$ m，$Y_A = 86.71$ m，$X_B = 42.34$ m，$Y_B = 85.00$ m。计算仪器安置在 A 点，用极坐标法测设 P 点所需要的测设数据，并说明测设步骤。
4. A、B 为控制点，其坐标 $X_A = 550.450$ m，$Y_A = 600.365$ m；$X_B = 462.315$ m，$Y_B = 802.640$ m。P 为待测设点，其设计坐标为 $X_P = 762.315$ m，$Y_P = 802.640$ m。现拟用角度交会法将 P 点测设于地面，试计算测设数据。
5. 如图 6-33 中 A，B 为导线点，C 为导线支点，试根据图中所标明的已知数据及观测数据，计算 C 点的坐标。

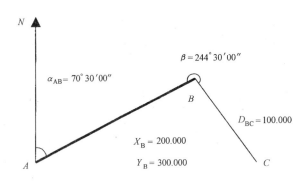

图 6-33 经纬仪导线

6. 何谓地形图比例尺？比例尺有哪几种表示方法？各是如何使用的？
7. 试述 1:5000、1:2000、1:1000、1:500 地形图正方形分幅时的图幅大小及其实地面积。
8. 比例符号、线形符号和非比例符号各在什么情况下使用？
9. 何谓等高线，等高线有哪些特性？等高距、等高线平距与地面坡度的关系如何？
10. 试用规定的符号标出图 6-34 中的山头、鞍部、山脊线、山谷线（山头、鞍部○，山脊线—·—·—，山谷线————）。

图 6-34 地形图

11. 试叙述小平板仪测图的原理。

单元 7 管道工程测量

知 识 点：管道中线测量；纵、横断面测量；管道施工测量。
教学目标：掌握管道中线测量与纵、横断面测量；掌握管道施工测量；熟悉管道竣工测量。

课题 1 管道工程测量概述

管道工程是城市建设中不可或缺的重要组成部分，种类繁多，主要有给水、排水、天然气、输油管、电缆等。管道工程测量就是为各种管道的设计和施工提供必要的资料和服务。

管道工程测量的主要任务：一是为管道工程设计提供地形图和断面图；二是按设计要求将管道位置敷设于实地。

其主要内容有：

(1) 收集资料：收集规划区域的 1∶1 000 ~ 1∶10 000 的地形图、原有管道的平面图和断面图。

(2) 规划定线：结合现场，在地形图上进行初步规划和图上定线。

(3) 带状地形测量：实地测量管道规划线路带状地形图或对原有地形图进行修测。

(4) 中线测量：根据设计要求，在地面上定出管道中线的位置。

(5) 纵横断面测量：测绘管道中线方向和垂直于中线方向的地面高低起伏情况，以便确定土方工程量等。

(6) 管道施工测量：根据设计要求将管道中线、高程敷设于实地，以确保施工质量。

(7) 竣工测量：工程竣工后，实地测量管道位置并编绘竣工图，作为以后管道使用、维修、管理和改造的依据。

课题 2 管道中线测量与纵、横断面测量

2.1 管道中线测量

管道中线测量就是将设计的管道位置在地面上测设出来，用木桩标定之。其主要内容包括：主点测设、转折角测量、中桩测设和带状地形图测量等。

(1) 主点测设

管道的起点、终点和转折点通称为主点。主点的位置及管线的方向是设计确定的。若设计图面上已给出主点的坐标，而且附近又有可利用的控制点时，先由主点与控制点的坐标反算出测设数据（夹角及距离），然后在实地按照极坐标法或方向交会测设出主点的位

置。

如图 7-1 所示，4、5、6、7 点是现场已有的导线点，B、C、D、E 为拟测设的管线主点，在 4 点安置经纬仪，由测设数据 d_{4B}、β_{4B}、根据极坐标法就可测设出 B、C 两点，在 6、7 点上安置经纬仪，由 β_{6D}、β_{7D} 按方向交会法就可测设出 D 点。同理，可测设出其余各点。测量各主点间距离，与设计值比较，以资检核。

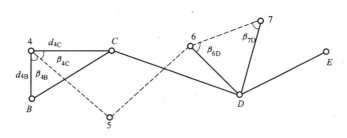

图 7-1 极坐标法测设主点

若主点附近有明显可靠的地物时，可从图上直接量测测设数据，按直角坐标或距离交会法测设出点。

如图 7-2 所示，Ⅰ、Ⅱ是原有管道的检查井位置，A、B、C 是拟建管道的主点。欲在地面上测设出各主点，可根据比例尺在图上量测出测设数据 S、a、b、c、d 和 e 的距离。然后沿原管道Ⅰ、Ⅱ方向，从Ⅰ点量出 S 即得 A 点；用直角坐标测设 B 点，用距离交会法测设 C 点，测设长度全是小于一整尺。

检核无误后，用木桩标定点位，并作好点之记。

管道中线测设的精度要求见表 7-1。

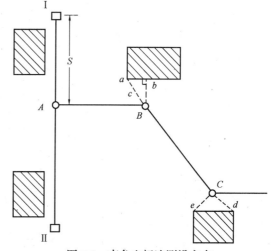

图 7-2 直角坐标法测设主点

管道中线测设精度要求　　　　　　　　　　表 7-1

测 设 内 容	点位容许误差（mm）	测角容许误差（′）
厂房内部管线	7	±1.0
厂区内地上和地下管道	30	±1.0
厂区外架空管道	100	±1.0
厂区外地下管道	200	±1.0

(2) 转折角测量

转折角是管线转变方向时,转变后的方向与原有方向的延长线之间的夹角,亦称偏角。如图 7-3 所示,由于管线的转向不同,转折角有左偏角、右偏角之分,分别以 $\alpha_{左}$ 和 $\alpha_{右}$ 表示。测量时,可直接测出转换角,如图 7-3 所示,需测 5 点的转向角。将经纬仪安置于 5 点,盘左先照准原方向 4 点,并读数,然后倒转望远镜,即原方向的延长线,接着旋转变仪器照准 6 点,并读数,两数之差即为转折角的最终值。

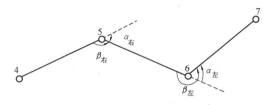

图 7-3 转折角测量

也可用经纬仪按测回法直接观测线路之右角 $\beta_{右}$、由 $\beta_{右}$ 计算偏角。当 $\beta_{右} < 180°$ 时,$\alpha_{右} = 180° - \beta_{右}$,为右偏角(图 7-3 中的 5 点)。

管线转折角测量记录手簿见表 7-2。

管线转折角测量记录手簿 表 7-2

工程名称:××厂供水管道		天气:晴	测量员:×××
日　　期:2004.6.08		仪器:DJ$_6$	记录员:×××

桩　号	间距(m)	转折角		备　注
		左　偏	右　偏	
K3 + 050			53°19′24″	
	95.00			
K3 + 145		40°16′06″		
	115.0			
K3 + 260			28°51′12″	
	65.00			
K3 + 325				

另外,在测设主点时,为保证测设无误,应有检核条件,若无检核条件应重新丈量一次以保证测设精度。

(3) 中桩测设

为了标定管线的中线位置,测定管线的长度和测绘纵、横断面图,从管道起点开始,沿管道中线方向根据地面变化情况在实地要设置整桩和加桩,这项工作称为中桩测设。从起点开始按规定某一整数(20~50m)设一桩,这个桩叫整桩。相邻整桩间的重要地物(如铁路、公路及原有管道等)以及穿越地面坡度变化处(高差大于 0.3m)要增设木桩,这些桩叫加桩。

为了便于计算,中桩自起点开始按里程注明桩号,并用红油漆写在木桩测面,书写要整齐、美观,字面要朝向管线起始方向,写后要检核。如整桩桩号为 0 + 080,即表示此桩离起点 80 点,如加桩桩号为 0 + 087 即表示离起点 87m。因此管线中线上的整桩和加桩都叫里程桩。

为了保证精度要求,测设中桩时,中线定线应采用经纬仪定线,中线量距采用检定后的钢尺丈量两次。在精度要求不高时,也可用目估定线、皮尺或测量距的方法,但在丈量时,要尽量保持尺身的平直,量距相对误差不低于 1/2000。

中桩都是根据该到管线起点的距离来编定里程桩号的,管线不同,其起点也有不同规定，污水管道以下游出口处作为起点，给水管道以水源作为起点，煤气、热力管道以来气方向作为起点。

为了给设计和施工提供资料，中线定好后，应将中线展绘到现状地图上。图上应反映出各主点的位置和桩号，各主点的点之记，管线与主要地物，地下管线交叉点的位置和桩号，各交点的坐标，左角等。当没有现状地形图时，则需要测绘带状地形图。

(4) 带状地形图测绘

带状地形图是在中桩测设的同时，现场测定管线两侧带状地区的地物和地貌并绘制而成的地形图。它是绘制纵断面图和设计管线时的重要依据，其宽度一般为中心线两侧各20m。测绘的方法主要是用直角坐标法或用皮尺以距离交会法进行测绘，若遇到建筑物，需测绘到两侧建筑物，并用统一的图式表示。此图一般绘制在毫米方格纸上，如图7-4所示，图中粗线表示管道的中心线，0+000处表示管道起点，0+380处为转折点，转向后仍接原方向绘出，但要用箭头表示管道转向并注明转折角（图中转折角 $\alpha_{左} = 30°$）。0+215 和 0+287 是地面坡度变化处的加桩，0+510 和 0+530 是管线穿越公路的加桩，其余均是整桩。

当已有大比例尺地形图，某些地物和地貌可以直接从地形图上量取，这样可减少外业工作量。

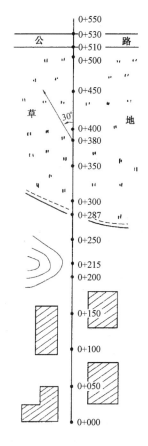

图 7-4 带状地形图

2.2 管道纵断面测量

管道纵断面测量就是根据水准点的高程，用水准测量的方法测出中线上各桩的地面点的高程，然后根据里程桩号和测得相应的地面高程按一定比例绘制成纵断面图，用以表示管道中线方向地面高低起伏变化情况，为设计管道埋深、坡度及计算土方量提供重要依据。其主要工作内容如下：

(1) 水准点的布置

水准点是管道水准测量的控制点，为了保证管道全线高程测量的精度，在纵断面水准测量之前，应先沿管线设立足够的水准点。一般要求沿管线方向，每1~2km埋设一永久性水准点，每300~500m应埋设一个临时性水准点，按四等水准测量的精度观测出各水准点的高程，作为纵断面测量和施工引测量高程的依据。水准点应埋设在不受施工影响使用方便和宜于保存的地方，或在沿线周围牢固建筑物的墙角或台阶上。

(2) 纵断面水准测量

纵断面水准测量一般是以相邻两水准点为一测段，从一个水准点出发，逐点测量各中桩的高程，再附合到另一水准点上，以资校核。纵断面水准测量视线长度可适当放宽，一般采用中桩作为转点，但也可以另设，在两转点间的各桩，通称中间点，中间点的高程通常用视线高法求得，故中间只需一个读数（即中间视）。由于转点起传递高程的作用，所以转点上读数必须读至毫米，中间点读只是为了计算本身高程，故读至厘米。

在施测过程中，应同时检查整桩、加桩是否恰当，里程桩号是否正确，若发现错误和遗漏需进行补测。

图 7-5 是由一水准点 BM_A 到 0+300 一段中桩纵断面水准测量示意图。其施测方法如下：

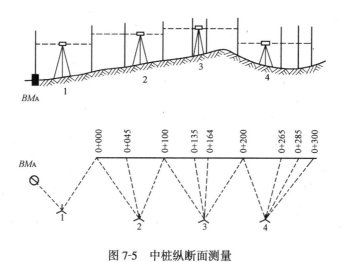

图 7-5 中桩纵断面测量

(1) 安置仪器于测站 1，后视水准点 A，读数 2.103，前视 0+000，读数 1.794。

(2) 安置仪于测站 2，后视 0+000，读数 2.053，前视 0+100，读数 1.647，同上法再读中间点 0+135 和 0+164，分别读得 1.30 和 1.15。

以后各站同上法进行，直到附合到另一个水准点上。

为了完成一个测段的纵断面水准测量，要根据观测数据进行如下计算：

1) 高差闭合计算。纵断面水准测量从一水准点附合到另一水准点上，其高差闭合差应小于容许值（无压管道容许值为 $\pm 5\sqrt{n}$ mm，一般管道容许值为 $\pm 10\sqrt{n}$ mm，其中 n 为测站数），则成果合格。将闭合差反号平均分配到各站高差上，得各站改正高差，然后计算各前顶点高程。

2) 每一测站上各项高程计算：

视线高程 = 后视点高程 + 后视读数
中桩高程 = 视线高程 − 中视读数
转点高程 = 视线高程 − 前视读数

计算列表 7-3 进行。

纵断面水准测量的记录计算手簿   表 7-3

测站	标号	水准尺读数（m）			高差（m）		改正后高差		视线高程（m）	高程（m）
		后视	前视	中视	+	−	+	−		
1	BM_A	2.103				−3				1046.800
	0+00		1.794			0.309		0.306		1047.106

续表

测站	标号	水准尺读数（m）			高差（m）		改正后高差		视线高程（m）	高程（m）
		后视	前视	中视	+	-	+	-		
2	0+000	2.054				-4			1049.160	1047.106
	0+100		1.565		0.489		0.485			1047.591
	0+045			1.81						1047.350
3	0+100	1.569				-4			1049.160	1047.591
	0+200		1.647			0.078		0.082		1047.509
	0+135			1.30						1047.860
	0+164			1.15						1048.010
4	0+200	0.643				-4			1048.152	1047.509
	0+300					1.399				1046.106
	0+265		2.042	1.75				1.403		1046.40
	0+285			2.05						1046.10
5	0+300	0.785				-4				1046.106
	BMB		2.138			1.356		1.360		1044.746
Σ		7.151	9.186		0.798	2.833				

辅助 $h_{AB} = \Sigma a - \Sigma b = \Sigma hi = -2.035\text{m}$，$f_h = -2.035 - (-2.054) = +0.019\text{m} = +19\text{mm}$

计算 $f_{h允} = \pm 10\sqrt{5} = \pm 22\text{mm} > 19\text{mm}$ 合格

当管线较短时，纵断面水准测量可与测量水准点的高程一起进行，由一已知水准点开始按上述方法测出各中桩的高程后，附合到另一个未知高程的水准点上，再以水准测量的方法（即不测中间点）返测到已知水准点。若往返闭合差在限差内，取高差平均数推算未知水准点的高程。

2.3 纵断面图的绘制

纵断面图是以中桩的里程为横坐标，以各点的地面高程为纵坐标进行绘制，它一般绘制在毫米方格纸上。为了明显地表示地面管线中线方向上的起伏变化，一般纵向比例尺比横向比例尺大10倍或20倍，如里程比例尺为1:500，则高程比例尺为1:50。具体绘制方法如下：

（1）如7-6图所示，在毫米方格纸上合理位置绘出水平线（图中水平粗线），水平线以上绘制管理纵断面图，水平线以下各栏需注记设计、计算和补洞的有关数据。

（2）根据横向比例尺，在距离、桩号和管道平面图等栏内标出各桩桩位，在距离栏内注明各相邻桩间距。根据带状地形图绘制管道平面图，在地面高程栏内注各桩补洞的高程，并凑整到厘米（排水管道技术设计的断面图上高程注记到mm）。

（3）在水平粗线上部，按纵向比例尺，根据各中桩的实测高程，在相应的垂线上定出各点位置，再用直线连接各相邻点，即得纵断面图。

（4）根据设计坡度，在纵断面图上绘出管道的设计坡度线，在坡度栏内注明方向。

（5）计算各中桩的管底高程：管道起点高程一般由设计线给定，管底高程则是根据管

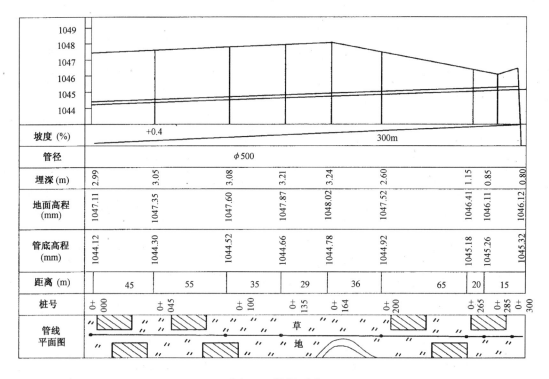

图 7-6 纵断面图

道起点高程、设计坡度及各桩的间距，逐点推算而来的。例如 0+000 的管底设计给定的高程为 1044.12m，管坡度为 +0.4%，则 0+100 的底高程为 1044.12 + 0.4% × 100 = 1044.12 + 0.4 = 1044.52m。

(6) 计算各中桩点管道埋深，即地面高程减去管底高程。

除上述基本内容外，还需把本管线与四临管线相接处、交叉处以及与之交叉的地下构筑物等在图上绘出。

2.4 管道横断面图测量

横断面图是用来表示垂直于管线方向上一定距离内的地面起伏变化情况，是施工时确定开挖边界线和土方估算的依据。在各中桩处，作垂直于中线的方向，测出各特征点到中桩的平距和高差，根据这些测量数据所绘断面图就是管道横断图。

横断面图的施测宽度一般由管道埋深和管道直径来确定的。一般要求每侧为 15~30m。施测时，用十字定向

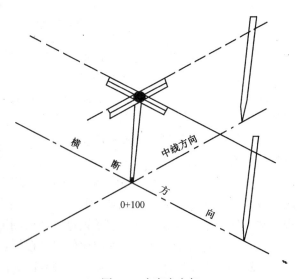

图 7-7 十字定向架

架定出横断面图方向（图7-7），用木桩或测钎插入地上作为地面特征点标志。各特征点的高程一般与纵断面水准测量同时进行，这些点通常被当作中间点看待进行测量。现以图7-5中测站2为例，说明0+100横断面水准测量的方法。

水准仪安置在测站2点上，后视0+000，读数2.054，前视0+100，读数1.565，此时仪器视线高程为19.163；再逐点测出0+100的距离，记入表7-4中，如左2表示此点在管道中线左侧，距中线2m；仪器视线高减去各点中视，即得各特征点高程。

横断面水准测量手簿　　　　　　　　　　表7-4

测站	桩号	水准尺读数（m）			视线高程（m）	高程（m）	备注
		后视	前视	中视			
2	0+000	2.054			19.163	17.109	
	0+100		1.565			17.598	
	左2			1.10		18.06	
	左2.8			1.73		17.43	
	左15			1.90		17.26	
	左20			2.11		17.05	
	右1.8			1.55		17.61	
	右2.4			1.00		18.16	
	右20			1.62		17.54	

绘制横断面图时均以各中桩为坐标原点，以水平距离为横坐标，以各特征点高程为纵坐标，将各地面特征点绘在毫米方格纸上。为了便于计算横断面面积、确定开挖边界线，纵、横坐标比例尺要求一致，通常用1:100或1:200。

绘制时，先在毫米方格纸上，由下而上以一定间隔定出断面的中心位置，并注明相应的桩号和高程，然后根据记录的水平距离和高差，按规定的比例尺绘出地面上各特征点的位置，再用直线连接相临点，即绘出横断面图，如图7-8所示。

由于管道横断面图一般精度要求不高，为了方便起见，可利用大比例尺地形图绘制。如果管线两侧地垫平缓且管槽开挖不宽，则横断面测量可以不必进行，计算土方量时，中桩高程认为与横断面上地面高程一致。

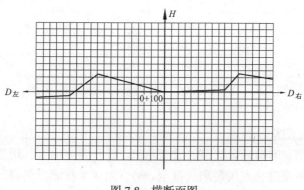

图7-8　横断面图

课题3 实训——管道中线测量与纵、横断面测量

3.1 目的与要求

(1) 掌握纵、横断面水准测量方法。
(2) 根据测量成果绘制纵、横断面图。

3.2 仪器和工具

每组 5~6 人，轮换操作，每组领取 DS_3 水准仪 1 台、三脚架 1 个、水准尺 1 根、尺垫 2 个、皮尺 1 盒、木桩若干（或测钎一束）、记录板 1 块、方向架 1 个、伞 1 把。

3.3 训练步骤

(1) 纵断面水准测量

1) 选一条 300m 的路线，沿线有一定的坡度。
2) 选钉起点，桩号为 0+000，用皮尺量距，每 50m 钉一里程桩，并在坡度变化处加桩。
3) 根据附近已知水准点将高程引测至 0+000。
4) 仪器安置在适当位置，后视 0+000，前视转点 TP_1（读至 mm），然后依次中间视（读至 cm），记录手簿（表 7-5）。

纵断面水准测量手簿   表 7-5

测站	标号	水准尺读数 (m)			高差 (m)		改正后高差		视线高程 (m)	高程 (m)
		后视	前视	中视	+	−	+	−		
1										
2										
3										
4										
5										

5) 仪器搬站，后视 TP_1，前视 TP_2，中间视。同法逐站施测，直至线路终点，并附合到另一水准点。

(2) 横断面水准测量

在里程桩上，用方向架确定线路的垂直方向。在垂直方向上，用皮尺量取从里程桩到左右两侧 20m 内各坡度变化点的距离（读至 dm），用水准仪测定其高程（读至 cm）。

(3) 绘制纵横断面图

纵横断面的水平距离比例尺 1:2 000，高程 1:200；横断面图的水平距离和高程比例尺

均为 1∶200。

3.4 注意事项

(1) 中间视因无检核，读数和计算要认真细致。

(2) 横断面水准测量与绘图，应分清左右。

(3) 线路附合高差不应大于 $\pm 50\sqrt{L}$ mm（L 以 km 为单位），在容许范围内不必进行调整。否则应重测。

3.5 记录与计算表（表 7-6）

横断面水准测量手簿　　　　　　　　　　　表 7-6

测站	桩号	水准尺读数（m）			视线高程（m）	高程（m）	备注
		后视	前视	中视			

课题 4　管道施工测量

4.1 管道施工测量的主要任务

管道在施工前，应对中桩进行检测，检测结果与原成果较差符合规定时，应采用原成果。若有碰动或丢失应按中线测量的方法进行恢复。在施工中，测量工作的主要任务就是控制管道中心线和管底高程。

(1) 测设施工控制桩

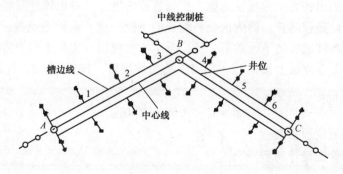

图 7-9　中线控制桩

在施工时，管道中线上的中线桩将被挖掉，为了便于及时恢复管道中线位置以指导施工，应设立中线控制桩。方法是在管道主点处的中线延长线上设置中线控制桩，如图 7-9 所示。中线控制桩应设在不受施工破坏、便于引测和保存的地方。

(2) 槽口放线

根据管径大小，埋设深度，决定开槽宽度，并在地面上定出沟槽边线的位置。若断面比较平缓，如图 7-10 所示，开挖宽度可用式 (7-1) 计算。

$$B = b + 2mh \tag{7-1}$$

式中 b——槽底宽度；

　　　m——边坡比。

(3) 测设控制中线和高程的标志

当管道开挖到一定的深度，为了方便控制管道中线和管底高程，常采用龙门板法。

龙门板跨槽设置，间隔一般为 10~20m，编以板号，如图 7-11 所示。龙门板由坡度板和坡度立板组成，根据中线控制桩，用经纬仪将管道中线投测到各坡度板上，并钉一小钉作为标志，称为中线钉。坡度板上中线钉的连线即为管道中线方向。

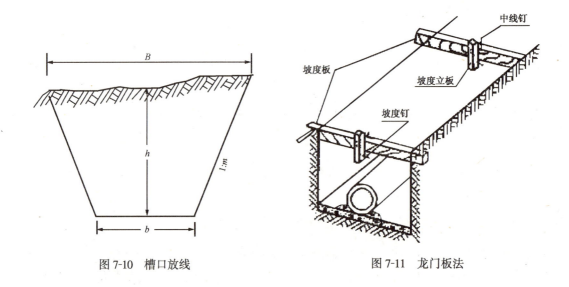

图 7-10 槽口放线　　　　　　　图 7-11 龙门板法

为了控制管槽开挖深度和管道设计高程，应在坡度立板上测设设计坡度。根据附近水准点，用水准仪测出各坡度板板顶高程，根据管道坡度，计算出该处管底设计高程，则坡顶高程与管底设计高程之差，即为该处自坡顶的下挖深度，通称下返数。如图 7-12 所示，由于地面起伏，各坡度板的下返数不一致，为了方便使用，实际工作中常使下返数为一整数 C。具体做法是在立板上横向钉一小钉，称为坡度钉，按式 (7-2) 计算坡度钉距板顶的调整距离 δ。

$$\delta = C - (H_{板顶} - H_{管底}) \tag{7-2}$$

式中 $H_{板顶}$——坡度板顶高程；

　　　$H_{管底}$——管底设计高程。

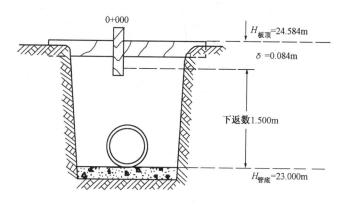

图 7-12 坡度板与下返数测设

根据计算出的 δ 在坡度立板上用小钉标定其位置，δ 为正自坡度板顶上量 δ，反之下量 δ。

【例】 某管道工程选定下返数 $C = 1.5\text{m}$，$0+100$ 桩处板顶实测高程 $H_{板顶} = 24.584\text{m}$，该处管底设计高程为 $H_{管底} = 23.000\text{m}$，则

$$\delta_a = 1.500 - (24.584 - 23.000) = -0.084\text{m}$$

以该板顶处向下量取 0.084m，在坡度立板上钉一小钉，作为坡度钉。

4.2 坡度线测设

在管道工程中，经常会遇到坡度线的测设工作。测设给定坡度线是根据现场附近水准点的面上高程、设计坡度和坡度端点的设计高程等，用高程测设方法将坡度线上各点的设计高程在地面上标定出来。测设的方法通常采用水平视线法和倾斜视线法。

（1）水平视线法

如图 7-13 所示，A、B 为设计坡度线的两端点，A 点的设计高程 $H_A = 32.000\text{m}$，A、B 两点的距离为 75m。附近有一水准点 R，其高程 $H_R = 32.123\text{m}$。欲从 A 到 B 测设坡度 $i = -1\%$ 的坡度线，其测设步骤如下：

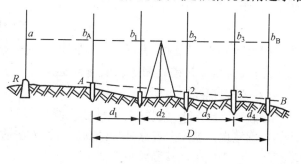

图 7-13 水平视线法

1）沿 AB 方向，根据施工需要，按一定的间距 d 在地面上标定出中间点 1、2、3 的位置。图中 d_1、d_2、d_3 均为 20m，d_4 为 15m。

2）按下式计算各桩点的设计高程

$$H_{设} = H_{起} + i \cdot d \tag{7-3}$$

则第 1 点的设计高程

$$H_1 = H_A + i \cdot d_1 = 32.000 + (-1\% \times 20) = 31.800\text{m}$$

第 2 点的设计高程

$$H_2 = H_1 + i \cdot d_2 = 31.800 + (-1\% \times 20) = 31.600\text{m}$$

第 3 点的设计高程

$$H_3 = H_2 + i \cdot d_3 = 31.600 + (-1\% \times 20) = 31.400\text{m}$$

B 点的设计高程

$$H_4 = H_3 + i \cdot d_4 = 31.400 + (-1\% \times 15) = 31.250\text{m}$$

检核：$H_B = H_A + i \cdot d_1 = 32.000 + (-1\% \times 75) = 31.250\text{m}$

3）如图 7-13 所示，安置水准仪于水准点 R 附近，读取后视数 $a = 1.312\text{m}$，则水准仪的视线高程为

$$H_{视} = H_R + a = 32.123 + 1.312 = 33.435\text{m}$$

4）按测设高程的方法，算出各桩点水准尺的应读数。

$$b_{A应} = H_{视} - H_A = 33.435 - 32.000 = 1.435$$
$$b_{1应} = H_{视} - H_1 = 33.435 - 31.800 = 1.635$$
$$b_{2应} = H_{视} - H_2 = 33.435 - 31.600 = 1.835$$
$$b_{3应} = H_{视} - H_3 = 33.435 - 31.400 = 2.035$$
$$b_{B应} = H_{视} - H_B = 33.435 - 31.250 = 2.185$$

5）根据各点的应有读数指挥打桩，当水平视线在各桩顶水准尺读数都等于各自的应有读数时，则桩顶连线为设计坡度线。若木桩无法往下打时，可将水准尺靠在木桩的一侧，上下移动，当水准尺的读数恰好为应有读数时，在木桩侧面沿水准尺底画一横线，此线即在 AB 坡度线上，图 7-13 中的 3 点。若桩顶高度不够，可立尺于桩顶，读取桩顶实读数 $b_{实}$，则

$$b_{实} - b_{应} = 填挖尺数 \tag{7-4}$$

当填挖尺数为"＋"时，表示向下挖深，填挖尺数为"－"时表示向上填高。图 7-13 中的 1 点，$b_{1应}$ 与 b_1 之差即为桩顶填土高度。

（2）倾斜视线法

倾斜视线法是根据视线与设计坡度线平行时，其两线之间的铅垂距离处处相等的原理，以确定设计坡度上各点高程位置。这种方法适用于坡度较大，且地面自然坡度与设计坡度较一致的地段。其测设步骤如下：

1）按高程测设方法将坡度线的端点的设计高程标定在地面的木桩上。其 A 点的高程 H_A 可在设计图上查到，B 点的高程 HB 按下式计算

$$H_B = H_A + i \cdot D \tag{7-5}$$

式中　i——设计坡度。

2）图 7-14 所示，将经纬仪安置于 A 点，并量取仪器高 i，瞄准 B 点的水准尺，使读数为仪器高 i，此时仪器的倾斜视线平行设计坡度线。

3）沿 AB 方向，根据施工需要，按一定的间距在地面上标定中间点 1、2、3 的位置。

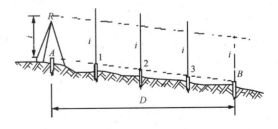

图 7-14　倾斜视线法

4) 在各中间点上立水准尺,并由观测者指挥打桩,当桩顶读数均为 i 时,各桩顶的连线即为设计坡度线。

当坡度不大时,倾斜视线法可用水准仪进行。安置水准仪于 A 点,并使水准仪的一个螺旋在 AB 方向线上,另两个脚螺旋垂直于 AB 方向,量取仪器 i。瞄准 B 点水准尺,旋 AB 方向的脚螺旋和微倾螺旋,使 B 点水准尺上的读数为仪器高 i,此时视线与设计坡度平行。然后指挥打桩,当各桩顶的读数均为 i 时,则各桩顶的连线就是设计坡度线。

(3) 顶管施工测量

当管道穿越公路、铁路或其他建筑物时,不能用开槽方法施工,而采用顶管施工的方法。

采用顶管施工时,应先挖好工作坑,在工作坑内安放导轨,并将管材放在导轨上,沿着中线方向顶进土中,然后将管内土方挖出来,再顶进,再挖,循序渐进。在顶管施工中测量工作的任务就是控制管道中线方向、高程和坡度。

4.3 中 线 测 设

如图 7-15 所示,根据地面上标定的中线控制桩,用经纬仪将中线引测到坑底,在坑内标出中线方向。在管内前端水平放置一把木尺,尺上有刻划并标明中心点,则可以用经纬仪测出管道中心偏离中线方向的数值,依次在顶进中进行校正。如果使用激光准直经纬仪,沿中线方向发射一束激光,由于激光是可见的,所以在管道顶进中进行校正更为方便。

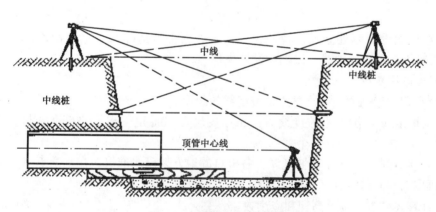

图 7-15 顶管中线控制测量

4.4 高 程 测 设

在工作坑内测设临时水准点,用水准仪测量管底前后端高程,可以得到管底高程和坡度。将其与设计值进行比较,求得校正值,在顶进中进行校正。

课题 5 实训、管道施工测量与坡度线测设

5.1 目的和要求

(1) 练习测设已知高程点。

(2) 练习用水平视线法测设坡度线。

(3) 测设一条长为 50m，设计坡度为 1.0% 的坡度线。

5.2 准备工作

(1) 仪器和工具

水准仪和三脚架、水准尺、皮尺、木桩、钉锤、粉笔、铅笔。

(2) 场地布置

由指导教师选定长宽约 30m×50m 的长方形地段，待测设的坡度线的起点位置和方向由教师给定。或者选一段 50m 长的墙壁。

(3) 阅读教材

认真阅读教材中高程测设和坡度线测设的有关内容。

5.3 训练步骤

(1) 高程测设

1) 在水准点上立尺，在适当位置架设水准仪，以便能看到已知点和待测设点。粗平后，瞄准后视尺，精平后读数。

2) 计算视线高程及测设设计高程的应读数

$$H_视 = H_A + a$$
$$b_应 = H_视 - H_设$$

3) 在待测设高程处立尺，转动仪器瞄准、精平，指挥尺子上下滑动，直到读数为 $b_应$视。用铅笔在尺底处画线，以表示设计高程。

(2) 坡度线测设

掌握高程测设的方法后，再进行坡度线的测设。

1) 由坡度线起点 A 沿坡度线方向，用皮尺每 10m 定一点，并打上木桩，直至终点 B。得 A、1、2、3、4、B 六个桩点。

2) 在能看到水准点 A 和坡度线上各桩点的地方架设水准仪，在水准点 A 上立尺，精平后，读取后视读数 a，求出视线高程 $H_视$。

3) 计算各桩点的测设高程和应读数。

$$H_1 = H_A + i \cdot d = H_A + 0.1\text{m}$$
$$H_2 = H_A + i \cdot 2d = H_A + 0.2\text{m}$$
$$H_3 = H_A + i \cdot 3d = H_A + 0.3\text{m}$$
$$H_4 = H_A + i \cdot 4d = H_A + 0.4\text{m}$$
$$H_5 = H_A + i \cdot 5d = H_A + 0.5\text{m}$$

再根据 $b_应 = H_视 - H_设$ 求出各桩点水准尺的应读数。

4) 根据各点应读数指挥水准尺上下滑动，当水准尺读数等于各自的应读数时，在木桩侧面沿水准尺底画一横线，连接各横线，即得设计坡度线。

5.4 注意事项

(1) 高程测设检核：用不同仪器高度两次测设的高程相差不能超过 ±8mm。

(2)坡度线测设检核：用不同的仪器高度再做一次，各桩点的高程位置与前一次相差不应大于12mm。

5.5 记录与计算表

表7-7 坡度线测设手簿。

坡度线测设手簿　　　　　　　　　　　　　　　表7-7

设计坡度：		坡线全长：			水准点高程：			
点号	后视读数	视线高程	设计高程	应读数	实读数	挖填数	备	注

课题6 管道竣工测量

为了如实地反映管道工程施工成果，在工程竣工后，应及时整理竣工资料并编绘竣工图，竣工图是管道竣工后进行管理、维修、改扩建时的可靠依据，它的作用主要有以下几点：

(1)评定管道工程施工质量是否符合设计要求。

(2)竣工图注有管道运行中的各种附属设备，这对于管道投入使用后的管理和维护工作提供了重要依据。

(3)对管道进行维修时，从竣工图上可以找到维修的目标，方便维修工作。

(4)在管道工程改建、扩建时，利用竣工图能够清楚地查找原有构筑物的平面位置和高程等资料，这为改建、扩建的管道设计和后续施工提供了很大的方便。

综上所述，管道竣工测量是管道施工测量的重要组成部分，必须予以充分重视。

管道竣工测量的主要内容是编绘竣工平面图和竣工断面图。

管道竣工平面图全面的反映管道及其附属构筑物施工后的平面位置。如管道的主点及重要构筑物的坐标、各转折点的相互关系、管道及其构筑物与重要地物的平面位置关系及竣工后管道所在地段的地形情况等。

管道竣工平面图一般利用原有施工控制网进行测绘，若不能满足精度要求，应重新布设控制网再进行测绘。当已有实测的平面图时，可以利用已测定的永久性的建筑物来测绘管道及其构筑物的平面位置。

由于管道多属于地下隐蔽工程,所以管道竣工断面图的测绘一定在回填土之前进行。用水准仪测出检查井口及管顶的高程,管底高程由管顶高程、管径、管壁厚计算求得,井间距离用钢尺量出。如果管道相互穿越,在断面图上应表示出它们的相互位置且注明尺寸。

竣工资料和竣工图编绘完毕,应由工程负责人和编绘人鉴定后,交付使用单位存档保管。

思考题与习题

1. 管道工程测量的主要任务有哪几方面?
2. 管道中线测包括哪些内容?
3. 管道施工中应进行哪些测量工作?
4. 试根据图 7-16 中的数据完成下列断面测量工作?

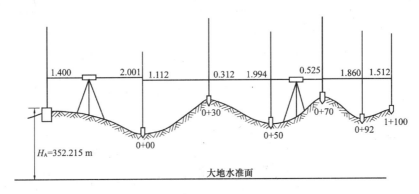

图 7-16 计算各桩点设计高程

(1) 将数据填入表 7-8 中,并完成各项计算。

表 7-8

测 站	水准尺读数			高 差		视线高	高 程
	后视	前视	中视	+	−		

(2) 根据表 7-8 中有关数据绘制纵断面图,平距比例 1∶2 000,高程比例尺 1∶200。

(3) 在纵断面图上设计出坡度为 −7‰ 的坡度线，起点设计高程为 352.00m 并计算各桩点的设计高程。

5. 根据表 7-9 中数据计算坡度板顶的改正数。

表 7-9

线名 AB			设计坡度 $i = +5‰$			BM_5 高程 $H_5 = 149.053$m		
测点	后视读数	视线高（m）	管底设计高程（m）	板顶前视读数（m）	板顶高程（m）	坡度钉下反数（m）	板顶改正数（m）	备注
BM_5	1.796							
0+000			146.951	2.012				
0+010				2.015		1.900		
0+020				1.748				
0+030				1.693				

6. 已知水准点 R 的高 $H_R = 34.466$m，后视读数 $a = 1.614$，设计坡度起点 A 的高程 $H_A = 35.000$m，设计坡度为 $i = +1.2\%$，拟用水准仪按水平视线法测设距 A 点 20m、40m 的两个桩点，使各桩顶在同一坡度线上，试计算测设时各桩顶的应有尺读数为多少？

单元8 建筑设备安装测量

知 识 点：设备基础施工测量，设备安装测量。
教学要求：熟悉设备就位和组装的基本技术要求；熟悉设备基础施工测量；熟悉设备安装测量。

课题1 设备安装的基本要求及测量的准备工作

1.1 设备安装的基本要求

建筑设备是建筑物实现特定功能的重要组成部分，正确的设备安装是实现这些功能的前提。

按照一定的技术条件，将设备安放并固定在设计位置上，并对设备进行清洗、调整与试运行，使之具备投产或使用条件的施工过程，称为设备安装。建筑设备安装测量就是按照设计图纸的要求，对设备的中心线、水平和标高进行放线定位，以保证三者安装误差达到容许范围之内。若安装测量失误，将导致安装返工，延误工期，给企业和工程带来不必要的损失。因此，设备的就位和安装应达到以下基本技术要求：

(1) 设备基础的尺寸、位置等的质量应符合国标《钢筋混凝土工程施工及验收规范》（GBJ 204—83）的规定。

(2) 设备就位前，应根据施工图上有关建筑的轴线、边缘线或标高线放出安装基准线。

(3) 平面位置安装基准线对基础实际轴线距离的允许偏差不得大于专业规范的规定。

(4) 设备就位前，必须将设备底座底面的油污、泥土等脏物和地脚螺栓预留孔中的杂物除去，灌浆处的基础或地坪表面应凿成麻面，被油沾污的混凝土应凿除，以保证灌浆质量。

(5) 设备上定位基准的面、线或点对安装基准线的平面位置和标高的允许误差，不得大于有关专业规范规定。

(6) 固定在地坪上的整体或刚性连接的设备，不应跨越地坪伸缩缝、沉降缝。

(7) 设备找正和找平的测点，一般应在下列部位中选择：

1) 设备的主要工作面；
2) 支承滑动部件的导向面；
3) 保持转动部件的导向面或轴线；
4) 部件上加工精度较高的表面；
5) 设备上应为水平或铅垂的主要轮廓面；
6) 连续运输设备和金属结构上的测点宜选在可调整的部位。

(8) 设备安装精度的偏差，且偏向下列方面：

1）能补偿受力或温度变化后所引起的偏差；
2）能补偿使用过程中磨损所引起的偏差；
3）不增加功率消耗；
4）使运转平衡；
5）使机件在负荷作用下受力较小；
6）使有关的机件更好地连接配合。

（9）找正和找平铸制的设备，只应用垫铁（或其他专门装置）调整安装精度，不应用拧紧或放松地脚螺栓或局部加压等方法。拧紧地脚螺栓前后的安装精度均应在允许范围内。

1.2 安装测量的准备工作

在进行设备安装测量前，应做好以下准备工作：

（1）对所使用的测量仪器和工具检校。

（2）首先应熟悉设计图纸，复核设计数据。设计图纸是设备基础放样的主要依据，有关的设计图纸主要有：

1）设备布置平面图。从该图上查明设备安装置于建筑物的平面位置和高程的关系，它是测设设备基础位置的依据。

2）设备基础设计平面图。从该图上查明设备基础的总尺寸、内部各定位轴线间的尺寸关系、基础边线与定位轴线的关系尺寸及基础布置与基础剖面位置的关系。

3）基础剖面图。从该图上可以查明基础尺寸、设计标高以及基础边线与定位轴线的尺寸关系。

根据以上各图纸资料，结合设备型号，复核设计数据，如有出入，会同设计部门协商解决。熟悉施工现场，校核测量控制点。

（3）查阅相关施工规范，熟悉安装工艺，制定测量方案。

课题 2 设备基础施工测量

2.1 设备基础控制网的建立

（1）厂房内部控制网

设备基础的施工程序不同，测量的方法与过程也有所不同。当厂房柱子基础和厂房部分建成后才进行设备基础施工时，在厂房砌筑砖墙之前，必须在厂房内部布设一个控制网，作为设备基础施工和设备安装放线的依据。

在厂房内部建立内部控制网可在地面上埋设混凝土桩，桩顶安置 10cm × 10cm 钢板，用经纬仪投测点位，其误差不超过 ±3mm。也可以在稳定的柱子上设置控制点，其高度应便于量距及通视，如图 8-1 所示。点的密度由厂房的大小与设备分布情况决定，在满足放线的要求下尽量少布设点。

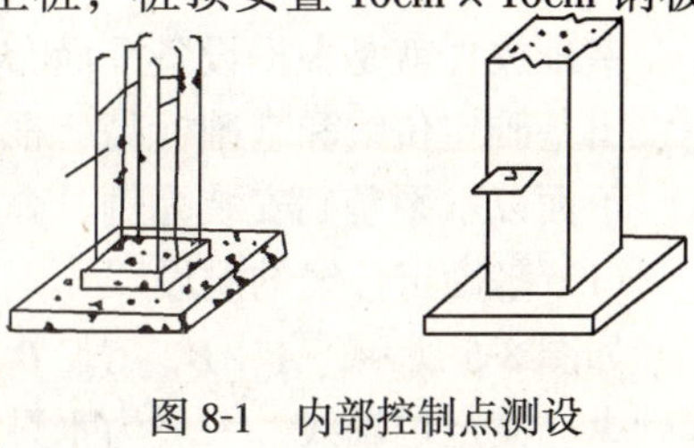

在一些大型连续生产设备的安装时，由于地脚螺栓组中心线较多，为了便于放线，可将槽钢水平地焊

图 8-1 内部控制点测设

在厂房钢柱上，然后由厂房矩形控制网将设备基础主要中心线的端点，投测到槽钢上，以建立内部控制网。

如图 8-2 所示为内部控制网的立面布置图。先在钢柱上测设便于量距、高程相同的标高线，然后用边长为 50mm×100mm 的槽钢或 50mm×50mm 的角钢，将其水平地焊牢在柱子上，为了使其牢固可加焊角钢于钢柱上。当柱间跨距较大时，为防止钢材挠曲，在中间用一木方支撑。

(2) 厂房矩形控制网

当厂房桩基与设备基础同时施工，则不需建立内部控制网，一般是将设备基础主要中心线的端点测设在厂房矩形控制网上，如图 8-3 所示。

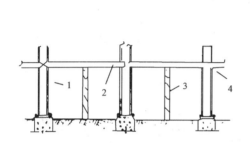

图 8-2　内容控制网立面布置图
1—钢柱；2—槽钢；3—木支撑；4—角钢

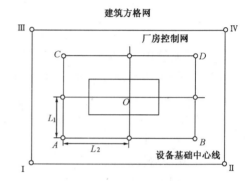

图 8-3　厂房控制网

在较大的设备垫层上可设置如图 8-4（a）所示的中心线钢板，以控制设备中心线，如图 8-4（b）所示。当主要设备中心线通过基础凹形部分或地沟时，则埋设 50mm×50mm 角钢或 100mm×50mm 的槽钢，如图 8-4（c）所示。

 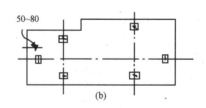 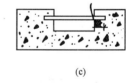

(a)　　　　　　　　　(b)　　　　　　　　　(c)

图 8-4　中线控制点的布设

2.2　基础放样及地脚螺栓埋设

基础放样就是根据设备平面布置图、设备基础设计平面图和剖面图的有关尺寸，首先测设出基础定位线和基础标高，根据基础定位线确定基础开挖边线，并撒出灰线。

下面以水泵基础安装为例，介绍其测量方法。

(1) 基础定位线的测设

如图 8-5 所示，A、B、C、D 为泵房基础矩形轴线的四个控制桩，MM'、NN' 为水泵基础纵、横定位轴线，一般为水泵出入口中心轴线和运转轴中心轴线。现要根据设计数据

测设出 MM'、NN'定位轴线。

测设时根据设计给定的水泵定位轴线与泵房基础轴线的距离 L_1、L_2 分别从 A、B 桩起始沿 AC 和 BD 方向精确丈量 L_1，在地面定出 M、M' 两点，打木桩并在桩顶钉钉；同样，从 A、C 桩起始沿 AB 和 CD 方向精确丈量 L_2，在地面打桩确定 N、N' 两点。最后丈量 L_1、L_2 与设计长度进行比较，其误差不应超过 ±20mm。用两台经纬仪分别安置在 M、N 点上，照准各自另一端点 M'、N'，交会出轴线的交点 O 作为基础的定位点，在交点 O 安置经纬仪检查夹角，与设计值进行比较，其误差不应超过 ±40″。然后，再在设备基坑边线和泵房基坑边线之间的轴线方向上定4个小桩 p、q、s、t，用水泥加固并作为设备基础定位桩。泵房完工后，把 pq、st 定位线方向，投测到墙上钉设方向钉，方向钉高度应高于水泵轴承高度，以便恢复 MM'、NN' 轴线。

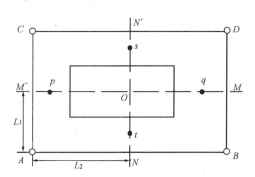

图 8-5 基础定位

(2) 基础标高基准点测设

依据建筑标高基准点用水准仪，测出某一定位桩的高程，作为设备基础标高基准点。如泵房建设完毕，可在室内四面墙上测设 4~6 个 +50 标高点，作为设备基础标高基准点，各点标高偏差不能超过 1mm。

(3) 基坑放样

在定位桩上安置经纬仪（或拉细线绳，用特制的"T"形尺），按基础设计图的尺寸和基坑放坡尺寸 b 放出开挖边线，并撒灰线，如图 8-6 所示。

(4) 基坑抄平

基坑开挖到接近坑底设计标高时，用水准仪根据标高基准点在坑壁上测设比坑底设计标高高 0.3~0.5m 的水平桩，作为清槽和控制垫层标高的依据，如图 8-7 所示。

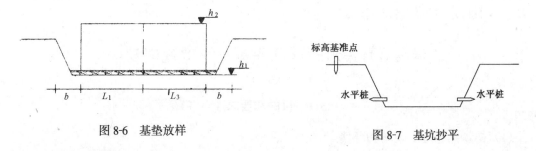

图 8-6 基垫放样 图 8-7 基坑抄平

(5) 基础模板定位

基础的混凝土垫层完成并达到一定的强度后，在基坑定位桩 p、q、s、t 顶面的轴线钉拉细线绳，用垂球将轴线投测到垫层上，并以轴线为基准定出基础边界线，弹出墨线作为立模板的依据。

垫层打好后，根据基坑定位桩 p、q、s、t 在垫层上放出基础轴线，定出基础边界线，并弹出墨线标明，作为支模板的依据。模板支好后，应用拉线、吊垂线等方法确定基础平面外形尺寸和凸台、凹穴的外形尺寸。然后用水准仪在模板内壁测设出基础面设计标高线，作为浇灌混凝土的依据。

如图 8-8 所示即为有凸台的 S 形水泵。

（6）预埋地脚螺栓孔的测设

支好模板后，在模板上口标出基础定位轴线，依据基础定位轴线在模板四壁上口确定预埋地脚螺栓孔各条轴线位置。然后，以这些轴线位置为准在纵向和横向拉细钢丝并固定在模板上，纵、横向钢丝的十字交点即为各预埋地脚螺栓孔的中心位置。

对于安装精度较高的设备，一般采用定位钢板来保证地脚螺栓间的相对位置，如图8-9所示。

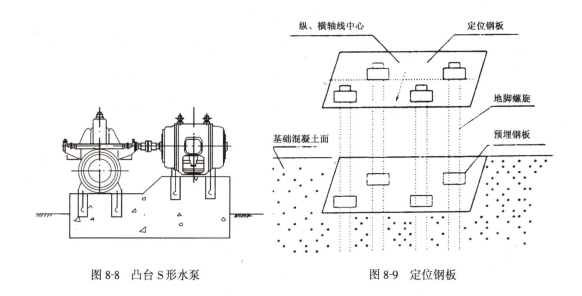

图 8-8　凸台 S 形水泵　　　　图 8-9　定位钢板

定位钢板就位时，在定位纵、横轴线上，安置两台经纬仪，分别指挥使定位钢板平移到望远镜的十字丝上，下放钢板就位，不允许将定位纵、横轴线的中心点移到望远镜的十字丝上，而将定位钢板转动就位。

课题 3　实训——设备基础中心线测设

3.1　目的和要求

（1）初步熟悉施工现场和环境。
（2）熟悉设备基础设计图纸，查取所需测设数据。
（3）角度、距离、高程测设的误差不大于工程要求。

3.2　准备工作

（1）仪器和工具

经纬仪、水准仪器、钢尺、测钎、记录板、铅笔、三角板。
(2) 场地布置
有条件的到施工现场或由指导教师根据实际情况确定。
(3) 阅读教材
认真阅读单元2中高程测设、单元6中极坐标法、直角坐标法测设平面点位及单元8设备基础施工测量等的有关内容。

3.3 训练步骤

(1) 熟悉设备基础设计图纸，了解设计意图。
(2) 校核施工控制桩，准备所需测设数据。
(3) 采用极坐标法或直角坐标法进行基础定位轴线测设。
(4) 进行基础标高测设。
(5) 做好放线记录、填写定位测量记录表（表8-1）。

定位测量记录表　　　　　　　　　　表8-1

工程名称：　　　　　　　　　　　测量内容：
建设单位：　　　　　　　　　　　施工单位：
测量仪器：　　　　　　　　　　　测量日期：

1. 定位依据：
2. 已知控制点坐标

点位	M	N	O	P	R
A					
B					

3. 定位轴线点坐标

点位	1	2	3	4	5
A					
B					

4. 测量过程和步骤

测站	后视点	转角	前视点	测设距离	备注

5. 高程测设记录

测站	后视读数	视线高	前视读数	高程	设计高程	备注

6. 定位测量示意图

甲方代表_____ 技术负责_____ 测量人员_____ 检查人员_____

施工单位：

年　月　日

3.4 注意事项

（1）测设数据经校核无误后才能使用。
（2）测量定位桩设置要明显，并做好保护工作。
（3）测量过程中精心操作，反复校核，保证精度。
（4）测量成果要经有关人员验收。

课题4　设备安装测量

由于建筑设备种类繁多，下面主要以常见的水泵和锅炉为例介绍其安装方法，其他设备可根据设计的具体要求，进行安装测量。

4.1 水泵安装测量

(1) 检查基础的混凝土垫层尺寸

在设备安装之前,首先要对基础的混凝土垫层进行检查。在基础上确定出的十字定位线,用墨斗弹线。根据这两条墨线和基础设计平面图,详细检查基础各细部和地脚螺栓孔的平面位置及各平面的标高和水平度,检查项目和精度要求见表8-2。

设备基础尺寸和位置要求　　　　　　　　　表8-2

项	目		允许偏差(mm)	项	目	允许偏差(mm)
基础	坐标位置（纵横轴线）		±20	预埋地脚螺栓	标高（顶端）	±20
	各不同平面的标高		±0		中心距（在根、顶部两处测量）	±2
	平面外形尺寸		±20	预埋地脚螺栓孔	中心位置	±10
	凸台上平面外形尺寸		-20		深　度	+20
	凹台尺寸		±20		孔壁的垂直度	10
	不水平度	每米	5	预埋活动地脚螺栓锚板	标　高	+20
		全长	10		中心位置	±5
	竖向偏差	每米	5		不水平度（带槽的锚板）	+5
		全长	10		不水平度（带螺纹孔的锚板）	2

根据泵房内的高程基准点,用水准仪在泵轴两端混凝土壁上,测出比基础设计标高低5~10cm的标高线,安装人员依此对机座底部混凝土面进行找平。

(2) 水泵底座的安装测量

根据机座的设计尺寸,在机座上标出主轴中线。在墙上方向钉间拉起两条中线,移动机座进行找正,同时测量机座的高程和四个角点的高差,高差之差不大于±2mm时,固定机座。

(3) 泵体和电动机的安装测量

泵体和电动机吊装到机座上之后,为了保证水泵主轴水平,轴心和横向中心的垂线相重合,进出口中心与纵向中心线相重合,在安装过程中必须对水泵进行找平、找正,水泵安装完成后要求进行质量检查。

1) 水泵找平。把水平尺放在水泵底座加工面上测量纵向、横向水平,若不水平,调整泵座下垫铁。卧式和立式水泵的纵、横向水平度不应超过底座加工面1/10000。

2) 水泵找正。在两对墙上方向钉间拉起相互交角90°的细钢丝,在靠泵轴的一端和进出口端,在两根细钢丝上各挂垂球线,根据两根垂线对水泵轴心和进出口中心找正。水泵找正应符合以下要求:

A. 主动轴与从动轴以联节轴连接时,两轴的不同轴度、两半联节端面间的间隙应符合设备技术文件的规定。

B. 水泵轴不得有弯曲,电动机应与水泵轴向相符。

C. 电动机与泵连接前,应先单独试验电动机的转向,确认无误后再连接。

D. 主动轴与从动轴找正、连接后,应盘车检查是否灵活。

E. 泵与管路连接后,应复校找正情况,如由于与管路连拉而不正常,应调整管路。

(4) 水泵安装的质量检查

水泵安装就位后,要对水泵安装的质量进行水泵安装基准线与建筑轴线,设备平面位置及标高的误差等项目检查。充许偏差及检查方法见表8-3。

水泵安装基准线的允许偏差和检查方法　　　　表8-3

项次	项目		允许偏差（mm）	检查方法
1	安装基准线	与建筑轴线距离	±20	用钢卷尺检查
2		与设备 平面位置	±10	用水准仪和钢板尺检查
3		与设备 标　高	+20 −10	

4.2 锅炉安装测量

(1) 锅炉基础施工测量

锅炉基础施工测量主要包括基准线测设和基础放样。

1) 基准线测设。如图8-10所示,根据锅炉房建筑基准点,放出锅炉本体基准线,一般选取炉排主动轴中心或炉前面板为基准线,如有多台锅炉待安装,基准线应一次放出;之后根据锅炉本体基线统一放出该炉各部件及辅机中心线。包括如下内容:

　A. 锅炉钢构架立柱底脚板中心线;

　B. 重型炉墙支座中心线;

　C. 炉排前、后轴,测墙板和下导轨支座中心线;

　D. 省煤器或空气预热器中心线;

　E. 鼓风机、引风机、除渣机、碎煤机、压缩机、给油泵、给水泵、排水泵等锅炉辅机中心线。

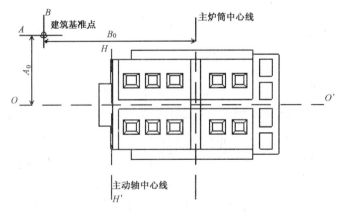

图8-10 基准线测设

2）基础放样。根据放出的基准线和基础平面图、基础大样图测设基坑，并进行基坑抄平、基础模板定位，其方法和过程可参考水泵的基础放样方法。

（2）锅炉安装的测量工作

1）确定锅炉基础基准线。如图8-11所示，对土建施工时测设的锅炉基础中心线 OO' 进行复测，若与锅炉基础中心线和辅机设备（鼓风机、除渣机、给、排水泵等）基础中心完全相符，即可确定该线为锅炉纵向基准线。否则，与相关部门协商予以调整。

在锅炉基础中心线 OO' 上，过炉前外边缘点测设纵向基准线 OO' 的垂线 HH' 作为锅炉横向基准线。在基础上用红油漆标出纵、横基准线。由此按设计图纸分别定出其他辅机设备的中心线。并检查预埋地脚螺栓的位置，偏差超限，予以调整。

2）复测土建施工标高。根据锅炉房建筑标高基准点测出锅炉本体基准标高线，一般取锅炉操作平台为±0，然后根据锅炉基础标高基准线，测出各辅机基础的标高，经复核后在基础上或基础四周，测出若干个等标高点，分别用红油漆作标记，各标记间相对高差不应超过1mm，如图8-12所示。

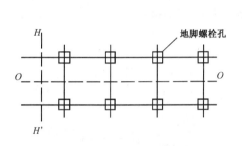

图8-11 锅炉基础基准线

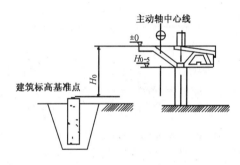

图8-12 施工中标高引测

3）复测锅炉与辅机基础的相对位置与标高

根据锅炉的纵线、横线、标高基准线，放出锅炉预埋地脚螺栓的轮廓线与辅机设备的安装位置线，基础标高线。对锅炉和土建设计图进行仔细核对各部尺寸。所有设备的螺栓预留孔、预埋地脚螺栓、预埋铁件偏差均应符合表8-4的要求。并用红油漆将各设备的各类安装基线，分别画在墙上、柱上或基础侧面，其偏差不得超过1mm。

锅炉及辅机设备基础的允许偏差　　　　　表8-4

项　　　　目		允许偏差（mm）
纵、横轴线的位置		±20
不同平面的标高（包括柱子基础表面上的预埋钢板）		0 −20
平面的水平（包括柱子基础表面地坪上需安装锅炉的部位）上的预埋钢板	每　米	5
	全　长	10
外形尺寸	表面外形尺寸	±20
	凸台上平面外形尺寸	−20
	凹穴尺寸	＋20

续表

项	目	允许偏差（mm）
预留地脚螺栓孔	中心位置	±10
	深　　度	+20 0
	孔壁垂直度	10
预留地脚螺栓	顶端标高	+20 0
	中心距（在根、顶部两处测量）	±2

(3) 整装锅炉安装测量

锅炉主要有立式锅炉、整装锅炉和散装锅炉等。下面以民用的整装锅炉为例进行介绍。基础验收后，就可将整装锅炉直接安装在略突出（高度在 500mm 以下）地面在的条形基础上。根据锅炉基础上的安装基线标记和标高标记（红油漆）和锅炉本体上的安装基线标记，进行锅炉的找正、找平。

1) 锅炉找正。锅炉就位后，由于在撤掉滚杠时可能使锅炉产生位移，因此，必须进行找正。其方法是，采用千斤顶、手拉葫芦，调整锅炉的位置，使锅炉炉体上纵、横向中心标记与基础纵、横向中心基准标记相吻合，其允许偏差为 ±20mm；使锅炉前轴中心线标记与基础前轴中心基线标记相吻合，其允许偏差为 ±2mm。用斜垫铁调整标高误差，直到达到找正的允许偏差，如图 8-13 所示。

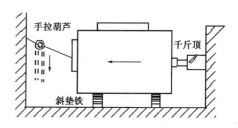

图 8-13　锅炉安装找正

2) 锅炉找平。用水平尺（水平尺的长度不小于 600mm）放在炉排的纵、横排面上，检查炉纵、横排面的水平度，检查点最少为炉前、后两处。炉排的纵向水平度要求应水平或炉排面略坡向锅筒排污管一侧合格。炉排的横向倾斜度不得大于 5mm 为合格。

在施工条件允许时，可在屋面板安装前，直接将锅炉吊至基础上就位，用经纬仪、水准仪一次性校核，可免去锅炉的找正、找平。

思考题与习题

1. 简述设备安装的基本要求。
2. 试述设备安装测量的准备工作内容。
3. 简述水泵基础施工测量的过程。
4. 简述锅炉找正、找平的方法。

附录1 现代测量技术

一、GPS 测量技术简介

GPS 是英语 Global Positioning System 的简称,其含义即全球定位系统。GPS 系统是美国国防部为满足军事上对定位和导航的需要于 1972 年着手研制的,并于 1993 年建成,全部投资为 300 亿美元,共发射 24 颗工作卫星。GPS 系统包括三个部分,即空间部分、控制部分和 GPS 信号接收机。

GPS 系统的空间部分由 24 颗工作卫星组成,这些卫星分布在六个围绕地球的椭圆轨道上,相邻轨道间夹角约为 55°,附图 1 所示为 GPS 系统工作卫星的分布图。

系统的控制部分即位于地面的监控系统,包括一个主控站,三个注入站和五个监测站,主控站位于美国本土的科罗拉多·斯平士,三个注入站分别位于大西洋的阿森松岛、印度洋的狄戈·伽西亚和太平洋的卡瓦加兰;监控系统具有收集数据、编算导航电文、诊断卫星工作状态、调度卫星等功能。

GPS 信号接收机是一种能够接收、跟踪、变换和测量 GPS 卫星信号的信号接收设备,通过接收卫星信号可以实现定位的功能。GPS 信号接收机可分为静态接收机与动态接收机两种,附图 2 所示为广州南方测绘仪器公司生产的单频静态 GPS 信号接收机。

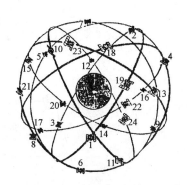

附图 1 GPS 系统工作卫星的分布图

附图 2 GPS 信号接收机

GPS 定位系统具有高精度和全天候的特点。可保证用户在任何时候和地点能同时观测到 4 颗卫星。GPS 卫星发送的信号(简称 GPS)能够进行厘米级甚至毫米级的静态定位。使用 GPS 卫星的关键设备是:能够接收、跟踪、变换、测量 GPS 信号的接收机。目前市场上达五十余种。

GPS 定位将可取代三角测量、三边测量和导线测量等常规大地测量技术。GPS 卫星定位和低空摄影测量相结合,可能成为一种大比例尺快速测图系统。GPS 卫星定位和卫星摄影测量相结合，还可能成为一种动态地图自动测绘系统。

GPS定位不但观测简便，定位精度好，而且成本低，经济效益高。实践证明，GPS卫星定位技术比常规大地测量技术要节省85%的外业费用。GPS在测量上可用于建立全国性的大地控制网，建立陆地和海洋的大地测量基准，可用于地壳变形监测，包括局部变形监测，也可用于测定航空摄影的动态参数，进行城市控制测量或其他控制测量，还可用于工程测量、地籍测量、房地产测量等领域，GPS卫星定位技术有着极其广阔的应用前景。

二、全站仪测量技术简介

随着电子技术的发展，出现了将测距装置、测角装置、微处理机结合在一起的新型测量仪器，这种仪器可以同时进行距离、高差、角度的测量并具有计算功能，测量及计算的结果能自动显示在屏幕上并可以记录、存储、输入、输出数据。因为这种仪器可以自动、快速地完成一个测站上的全部工作，所以称之为全站型电子速测仪，简称全站仪。

1. 全站仪的构造

全站仪基本上由电子经纬仪、光电测距装置、数据处理装置、棱镜、电源装置等组合，有电子全站仪与电脑型全站仪之分。电子全站仪在常规测绘作业方面开辟了外业工作自动化的新时代。它集光、机、电、磁技术于一身，将方位角测量、复测法角度测量、导线测量、高度测量、悬高测量、对边测量、点放样测设等测量融为一体，双面液晶显示，有计算机连接的接口，能做数据处理，广泛应用于公路、桥梁、水利、机械设备的安装、建筑等建设工程；电脑型全站仪除了有电子全站仪的全部功能外，又拥有自动跟踪、自动调

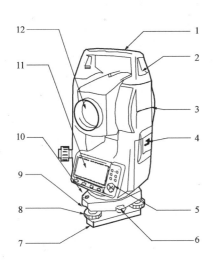
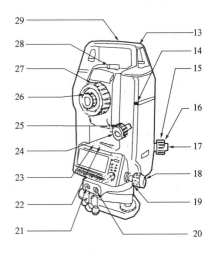

附图3　SET530R全站仪

1—提柄；2—提柄固定螺丝；3—仪器高标志；4—电池；5—键盘；6—三角基座制动控制杆；
7—底板；8—脚螺旋；9—圆水准器校正螺丝；10—圆水准器；11—显示窗；12—物镜；
13—笔式罗盘扦口；14—无线电遥控接收点；15—光学对中器调焦环；
16—光学对中器分划板护盖；17—光学对点器目镜；18—水平制动钮；
19—水平微动手轮；20—数据输出扦口；21—外接电源扦口；22—照准部水准器；
23—照准部水准器校正螺丝；24—垂直制动钮；25—垂直微动手轮；26—望远镜目镜；
27—望远镜调焦环；28—粗瞄准器；29—仪器中心标志

焦、激光对中、电动置盘、带 PC 卡槽等新功能，其内部的计算机还装有 MS-DOS 操作系统，为进一步开发应用测量软件提供了充分的扩展空间。电脑型全站仪适用于大型桥梁、高速公路、铁路、水利等基础设施建设和大型机械设备安装等建设工程。

附图 3 所示为索佳公司生产的 SET503R 全站仪，可完成测距、测角、测高差以及参考线放样、对边测量、面积测量、悬高测量等工作。

2. 全站仪的使用

使用全站仪时，首先将仪器与稳定的三脚架连接、对中、整平，然后安装电池并打开电源开关，利用屏幕上的菜单提示选择相应的测量内容即可。需要注意的是，与全站仪相配合进行测量工作的是反射棱镜（附图 4），在观测前应正确设置棱镜常数及其他参数。在测量完毕后不能不关闭电源就卸下电池，这样可能会造成测量数据的丢失，观测完毕应将仪器装入箱中，以防在搬运途中受到损坏。

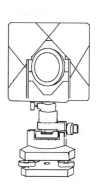

附图 4　棱镜

2.1　SET530R 全站仪键基本操作

（1）开机和关机

开机：按［ON］键。

关机：同时按住［ON］键和［¤］键数秒钟。

（2）显示照明窗口

打开或关闭按［¤］键。

（3）软键操作

显示窗底行显示出各软键功能：

［F1］～［F4］：选取软键对应功能。

［FUNC］：改变测量模式菜单页。

（4）字母数字输入

［F1］～［F4］：输入软键对应的字母或数字。

［FUNC］：转至下一页字母或数字显示。

（5）其他

［FUNC］：（按住片刻）返回上一页字母或数字显示。

［BS］：删除光标左边的一个字符。

［ESC］：取消输入的数据内容。

［SFT］：字母大小写转换。

［↙］：选取或接收输入的数据内容（下称回车键）。

例一：输入 125°30′00″的角度值（操作时输入 125.3000）。

1）在测量模式第 2 页菜单下按［方位角］键，选取"角度方向"后按回车键，显示屏幕如附图 5 所示。

2）按［1］键入"1"，光标移至下一位，按［2］键输入"2"。

3）按［FUNC］键至"5"所在页显示，按［5］键输入"5"。

4）按［FUNC］键至［.］所在页显示，用同样方法键入余下的数字后按［↙］键。

反射镜类型有：棱镜、反射片及无棱镜三种，选取反射棱镜时用［SFT］键选取，也可在第 2 页菜单下按［改正］键后显示屏幕如附图 6 所示，将光标移至"反射器"项上，进行选取。

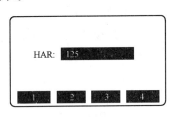

附图5 角度值输入

附图6 选取反射镜类型

2.2 全站仪的基本功能

全站仪的基本功能是仪器照准目标后，通过微处理器控制，自动完成测距、水平方向、竖直角的测量，并将测量结果进行显示与存储。存储的数据可以记录在磁卡上，利用磁卡将数据输入到计算机，或者存储在微处理器的存储介质上，再在专用软件的支持下传输到计算机，随着计算机的发展，全站仪的功能也在不断扩展，生产厂家将一些规模较小但很实用的计算机程序固化在微处理器内，如坐标计算、导线测量、后方交会等，只要进入相应的测量模式，输入已知数据，然后依照程序观测所需的观测值，即可随时显示设站点的坐标。

全站仪的种类很多，功能各异，操作方法也不尽相同，但全站仪的测角、测边及测定高差等基本测量功能却大同小异。

三、电子水准仪简介

电子水准仪又称数字水准仪，它是在自动安平水准仪的基础上发展起来的。它采用条码水准标尺相配合进行水准测量，其基本构造如附图7所示：

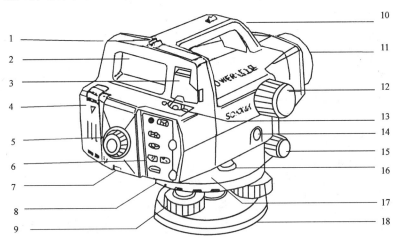

附图7 电子水准仪

1—瞄准器；2—显示屏；3—圆水准器观测镜；4—电池；5—目镜及调焦环；
6—键盘；7—十字丝校正螺丝及护盖；8—水平度盘设置环；9—脚螺旋；
10—提柄；11—物镜；12—物镜调焦螺旋；13—圆水准器；
14—测量键；15—水平微动螺旋；16—数据输出插口；
17—水平度盘；18—底板

电子水准仪与传统仪器相比有以下特点：

（1）读数客观。不存在误差、误记问题，没有人为读数误差。

（2）精度高。视线高和视距读数都是采用大量条码分划图像经处理后取平均得出来的，因此削弱了标尺分划误差的影响。多数仪器都有进行多次读数取平均的功能，可以削弱外界条件影响。不熟练的作业人员也能进行高精度测量。

（3）速度快。由于省去了报数、听记、现场计算的时间以及人为出错的重测数量，测量时间与传统仪器相比可以节省1/3左右。

（4）效率高。只需调焦和按键就可以自动读数，减轻了劳动强度。视距还能自动记录，检核，处理并能输入电子计算机进行后处理，可实现内外业一体化。

综上所述，使用电子水准仪可以在很大程度上提高水准测量的精度和效率，因此，随着现代测量技术的发展，电子水准仪必将在测量工作中得到广泛应用。

附录2 测量仪器操作技能考核方案

测量教学中，实践性教学占有很大的比例，而且实践性教学中测量仪器操作教学占有重要的地位。如果仪器操作教学效果不好，学生不会动手或不愿动手操作仪器，就直接影响测量教学质量的提高。为此进行测量仪器操作技能考核是激发学生的学习积极性，提高测量教学质量的有效措施。

一、测量仪器操作技能考核办法

在课程结束前利用2～4学时，由任课教师、实训教师共同组织完成。要求全体学生至少参加一项仪器操作技能考核。参加考核的学生独立完成考核项目，教师计时。检查操作质量，对照考核标准，评定考核成绩。有条件的院校可以与当地劳动部门合作进行测量技能鉴定。

二、测量仪器操作技能考核场地

考核可在室内、外测量实习实训场地进行。配备若干台（套）仪器、水准尺、花杆、计算器等。

三、测量仪器操作技能考核项目及考核标准

1. 在3分钟内完成水准仪的安置并读取水准尺读数

项目	分项内容	考核要点	基本要求	评分标准
水准仪的使用	水准仪的认识	正确安放三脚架，从箱中取出仪器，并安置到架头上	仪器安置好后说出S3水准仪各部件的名称和作用	$t \leq 40''$优 $t \leq 60''$合格
	仪器概略整平	用脚螺旋（或架腿）使调平圆气泡	仪器转到任何方向时，气泡均居中	$t \leq 30''$优 $t \leq 50''$合格
	照准水准尺	望远镜物、目镜调焦并照准水准尺	望远镜调焦并消除视差，水准尺居视场中间	$t \leq 30''$优 $t \leq 40''$合格
	精确调平并读数	调节微倾螺旋使长气泡居中、读取水准尺读数	半气泡吻合、读数正确	$t \leq 20''$优 $t \leq 30''$合格
累计				$t \leq 120''$优 $t \leq 180''$合格

2. 在 5 分钟内完成一测站水准测量操作

项 目	分项内容	考核要点	基本要求	评分标准
一测站水准测量	水准仪的安置	正确安放三脚架,从箱中取出仪器,并安置到架头上	架头大致水平、高度适中、架腿稳定	$t \leq 40''$ 优 $t \leq 60''$ 合格
	仪器概略整平	用脚螺旋(或架脚)使调平圆气泡	仪器转到任何方向时,气泡均居中	$t \leq 30''$ 优 $t \leq 50''$ 合格
	照准后视水准尺	望远镜物、目镜调焦并照准水准尺	望远镜调焦并消除视差,水准尺居视场中间	$t \leq 30''$ 优 $t \leq 40''$ 合格
	精确调平并读取后视水尺读数	调节微倾螺旋使长气泡居中、读取后视水准尺读数	半气泡吻合、读数正确	$t \leq 20''$ 优 $t \leq 30''$ 合格
	转望远镜照准前视水准尺	转望远镜、照准前视水准尺	圆气泡居中、水准尺居视场中间	$t \leq 30''$ 优 $t \leq 60''$ 合格
	精确调平并读取前视水尺读数	长气泡居中、读取前视水准尺读数	半气泡吻合、读数正确	$t \leq 20''$ 优 $t \leq 30''$ 合格
	记录、计算	记录整齐、计算正确	记录复诵、填表准确、计算及时、结果正确	$t \leq 10''$ 优 $t \leq 30''$ 合格
累 计				$t \leq 180''$ 优 $t \leq 300''$ 合格

3. 在 5 分钟内完成光学经纬仪的安置(包括对中、整平)

项 目	分项内容	考核要点	基本要求	评分标准
经纬仪的安置	经纬仪的认识	正确安放三脚架,从箱中取出仪器,并安置到架头上	仪器安置好后说出光学经纬仪各部件的名称和作用	$t \leq 60''$ 优 $t \leq 90''$ 合格
	仪器的对中	用光学对点器(或垂球)使仪器对中	仪器转到任何方向时,圆气泡均居中、对点器对中	$t \leq 60''$ 优 $t \leq 120''$ 合格
	仪器的整平	用脚螺旋使照准部水准管气泡居中	仪器转到任何方向时,长、圆气泡均居中、对点器对中	$t \leq 60''$ 优 $t \leq 90''$ 合格
累 计				$t \leq 180''$ 优 $t \leq 300''$ 合格

4. 10分钟内完成一测回水平角的观测

项　目	分项内容	考核要点	基本要求	评分标准
水平角测量（测回法）	经纬仪的安置	仪器的对中、整平	照准部转到任何方向时，长、圆气泡均居中、对点器对中	$t \leqslant 180''$优 $t \leqslant 300''$合格
	水平度盘置数	盘左安置水平度盘读数	安置所需读数正确	$t \leqslant 30''$优 $t \leqslant 50''$合格
	盘左观测	照准A、B目标，读取水平度盘读数	照准目标准确、度盘读数正确	$t \leqslant 70''$优 $t \leqslant 110''$合格
	盘右观测	纵转望远镜转动照准部成盘右，照准B、A目标，读取水平度盘读数	盘位变换熟练、照准目标准确、度盘读数正确	$t \leqslant 80''$优 $t \leqslant 110''$合格
	记录、计算	记录整齐、计算正确	记录复诵、填表准确、计算及时、限差合格、结果正确	$t \leqslant 20''$优 $t \leqslant 30''$合格
累　计				$t \leqslant 380''$优 $t \leqslant 600''$合格

5. 12分钟内完成一已知高程的测设（包括测量、计算）

项　目	分项内容	考核要点	基本要求	评分标准
已知高程的测设	水准仪的安置	仪器的安置、概略整平	架头大致水平、高度适中、架腿稳定。设站位置适当	$t \leqslant 90''$优 $t \leqslant 110''$合格
	读取后视读数	望远镜照准已知点上水准尺、精确调平、水准尺读数	水准尺居视场中间、半气泡吻合、读数正确	$t \leqslant 30''$优 $t \leqslant 50''$合格
	记录、计算	计算视线高、应读前视读数	记录复诵、填表准确、计算及时、结果正确	$t \leqslant 60''$优 $t \leqslant 80''$合格
	测　设	在测设处立尺、听仪器指挥、尺度画线	立尺竖直、配合默契、画线准确	$t \leqslant 120''$优 $t \leqslant 180''$合格
	检　查	测量尺底线的高程	限差合格、结果正确	$t \leqslant 180''$优 $t \leqslant 300''$合格
累　计				$t \leqslant 480''$优 $t \leqslant 720''$合格

6. 6分钟内完成全站仪器的设站及一个点坐标测量

项 目	分项内容	考核要点	基本要求	评分标准
全站仪的设站	全站仪的认识	正确安放三脚架，从箱中取出仪器，并安置到架头上	仪器安置好后说出全站仪各部件的名称和作用	$t\leqslant60''$优 $t\leqslant90''$合格
	仪器的对中、整平	用光学对点器使仪器对中。用脚螺旋使照准部水准管气泡居中	仪器转到任何方向时，长、圆气泡均居中、对点器对中	$t\leqslant100''$优 $t\leqslant150''$合格
	站点数据输入	进入设站界面、按顺序输入站点数据	输入站点数据正确	$t\leqslant40''$优 $t\leqslant60''$合格
	设置后视方向	照准后视方向	照准目标准确	$t\leqslant20''$优 $t\leqslant30''$合格
	坐标测量	进入坐标测量界面、照准目标处棱镜	照准目标准确、及时测量、存储	$t\leqslant20''$优 $t\leqslant30''$合格
累 计				$t\leqslant240''$优 $t\leqslant360''$合格

7. 8分钟内完成全站仪器一个点坐标测设

项 目	分项内容	考核要点	基本要求	评分标准
全站仪的坐标测设	全站仪的认识	正确安放三脚架，从箱中取出仪器，并安置到架头上	仪器安置好后说出全站仪各部件的名称和作用	$t\leqslant60''$优 $t\leqslant90''$合格
	仪器的对中、整平	用光学对点器使仪器对中。用脚螺旋使照准部水准管气泡居中	仪器转到任何方向时，长、圆气泡均居中、对点器对中	$t\leqslant100''$优 $t\leqslant150''$合格
	站点数据输入并设置后视方向	进入设站界面、按顺序输入站点数据，照准后视方向	输入站点数据正确，照准目标准确	$t\leqslant60''$优 $t\leqslant90''$合格
	测设点数据输入	进入设站界面、按顺序输入测点数据	输入测点数据正确	$t\leqslant20''$优 $t\leqslant30''$合格
	测 设	按仪器提示进行坐标测设	配合默契、立镜准确	$t\leqslant80''$优 $t\leqslant120''$合格
累 计				$t\leqslant320''$优 $t\leqslant480''$合格

四、测绘职业技能鉴定

劳动和社会保障部与各地测绘职业技能鉴定站开展测绘技能鉴定，鉴定站提供的初、中、高级工程测量工技能考核要求如下（知识要求略）。

1. 初级工程测量工技能要求

（1）考核时间：2.5 小时。

（2）考核内容：使用相应等级经纬仪进行图根导线观测、记录 8~10 站。具体内容包括：观测、记录（手工）、水平角观测的中数计算、距离测量斜距改水平距离的计算。

（3）考核要求：严格执行操作规程，注意仪器及人身安全，记录格式正确，记录字迹清晰，计算结果正确。

（4）评分原则：严格执行操作规程且成果合格者得 80 分；掌握仪器设备的正确使用方法，懂得仪器设备保养常识者得 10 分；执行测绘仪器安全操作规程，注意仪器及人身安全者得 10 分。

2. 中级工程测量工技能要求

（1）考核时间：3.5 小时。

（2）考核内容：使用 DS1 型或 DSO5 型水准仪进行三等水准测量 8~10 站，具体内容包括：观测、记录（手工）、按规范要求进行成果整理并计算线路闭合差及各点的高程；使用相应等级经纬仪及光电测距仪进行三级附合导线测量 8~10 站，具体内容包括：观测、记录（手工）、计算导线方位角闭合差、导线全长相对闭合差及各点坐标。

（3）考核要求：正确使用仪器，外业观测严格执行操作规程，记录格式正确、记录字迹清晰整洁，各测站观测限差校核无误，观测精度满足规范要求，计算结果正确。

（4）评分原则：严格执行操作规程且成果合格者得 80 分；掌握仪器设备的正确使用方法，懂得仪器设备保养常识者得 10 分；执行测绘仪器安全操作规程，注意仪器及人身安全者得 10 分。

3. 高级工程测量工技能要求

（1）考核时间：4.0 小时。

（2）考核内容：使用相应等级经纬仪，完成四上桩以上、至少一侧有规划路的放样测量工作。具体内容包括：施测导线、计算放样点坐标、实地钉桩。

（3）考核要求：严格执行操作规程，记录格式正确，记录字迹清晰，计算结果正确，各项限差校核无误。内业成果整理符合规范要求。

（4）评分原则：严格执行操作规程且成果合格者得 80 分；掌握仪器设备的正确使用方法，懂得仪器设备保养常识者得 10 分；执行测绘仪器安全操作规程，注意仪器及人身安全者得 10 分。

参 考 文 献

1 北京测绘学会．北京市标准．建筑工程施工测量规程 DBJ01—21—95
2 潘正风编著．数字测图原理与方法．武汉：武汉大学出版社，2002
3 工厂建设测量手册编写组．工厂建设测量手册．北京：测绘出版社，1990
4 过静珺编著．土木工程测量．武汉：武汉工业大学出版社，2000
5 陈学平编著．测量学．北京：中国建材工业出版社，2004
6 李生平编著．建筑工程测量．北京：高等教育出版社，2002
7 王根虎编著．建筑工程测量．呼和浩特：内蒙古大学出版社，1997

全国高职高专教育土建类专业教学指导委员会规划推荐教材

(供热通风与空调工程技术专业适用)

征 订 号	书　　名	主　编	定　价
12861	热工学基础	余　宁	26.00
12876	机械基础	胡伯书	22.00
12878	工程力学	于　英	19.00
12874	房屋构造	丁春静	13.00
12877	工程制图（含习题集）	尚久明	29.00
12875	工程测量	崔吉福	17.00
12862	流体力学泵与风机	白　桦	20.00
12872	热工测量与自动控制	程广振	16.00
12865	供热工程	蒋志良	22.00
12863	通风与空调工程	杨　婉	27.00
12873	建筑给水排水工程	蔡可键	20.00
12871	建筑电气	刘　玲	18.00
12867	暖通施工技术	吴耀伟	29.00
12868	安装工程预算与施工组织管理	王　丽	32.00
12869	供热系统调试与运行	马志彪	11.00
12870	空调系统调试与运行	刘成毅	15.00
12866	制冷技术与应用	贺俊杰	待出版
12864	锅炉与锅炉房设备	王青山	待出版

欲了解更多信息，请登陆中国建筑工业出版社网站：www.china-abp.com.cn 查询。